述说计量

诸葛欣　　编著

中国农业大学出版社
· 北京 ·

图书在版编目(CIP)数据

述说计量 / 诸葛欣编著. --北京：中国农业大学出版社，2023.10
ISBN 978-7-5655-3076-0

Ⅰ.①述… Ⅱ.①诸… Ⅲ.①计量 Ⅳ.①TB9

中国国家版本馆 CIP 数据核字(2023)第 193121 号

书　名　述说计量
Shushuo Jiliang
作　者　诸葛欣　编著

策划编辑　石　华　　**责任编辑**　石　华　徐　震
封面设计　中通世奥
出版发行　中国农业大学出版社
社　址　北京市海淀区圆明园西路 2 号　　**邮政编码**　100193
电　话　发行部 010-62733489,1190　　**读者服务部** 010-62732336
编辑部 010-62732617,2618　　**出　版　部** 010-62733440
网　址　http://www.caupress.cn　　**E-mail** cbsszs@cau.edu.cn
经　销　新华书店
印　刷　河北虎彩印刷有限公司
版　次　2023 年 10 月第 1 版　2023 年 10 月第 1 次印刷
规　格　170 mm×240 mm　16 开本　6.5 印张　110 千字
定　价　21.00 元

前言

计量在中国古代包括度量衡。计量是实现单位统一、保证量值准确可靠的测量及其相关的活动。计量的作用之一就是保证我们的生活秩序。计量的渊源可以追溯到史前时期，它与人类文明的发展相伴相生。

李世民对魏征说："以铜为鉴，可以正衣冠，以人为鉴，可以知得失，以史为鉴，可以知兴替。"我们只有了解计量的发展历程、祖先的创业艰难，才有民族自豪感。中国古代计量有度量衡（长度、容量、重量）及时间量值的传递。国家统一才有度量衡的统一、传承及发展，度量衡的统一又是国家赋税、科学发展、对外贸易、工业进步、人民生活安定的基础。秦始皇是中国第一位统一度量衡的皇帝，隋朝又进行了第二次度量衡的统一，新中国成立后的度量衡及所有测量被十大计量取代。俗话说，没有规矩，不成方圆。中国从度量衡到现代的计量，从以黄钟律管为度量衡的源头过渡到米制公约，再到国际单位制的推行，基本国际单位已完成量子化。

在中国五千年的度量衡故事中，度量衡的传承没有变化，只有量值大小的改变。"千克原器"是世界计量制度统一的坐标原点，米、千克、秒、安培、开尔文、摩尔、坎德拉是七个国际基本单位制。计量如春雨，随风潜入夜，润物细无声。在这本书中，让我们坐上时空穿梭机，述说计量。计量涉及工业、科学、生活，随处可见。我们主要讲述计量在生活中的点点滴滴，古代度量衡、今日计量与民生，让读者知道计量，了解计量，知道计量是测量及其应用的科学。

2018 年 7 个基本国际单位全部实现基本物理常数定义，完成量子化，定义于 2019 年国际计量日（5 月 20 日）正式生效。计量迎来了一个新的时代。

这些计量的小故事以时间为顺序，受众是一般读者，而不是计量专家，这不是一本历史书。旧时计量人员的文化水平可能不高，但他们为计量的发展做出了不可磨灭的贡献。现在，很多高学历的人才加入计量的队伍，但可能忙于工作，无法了解度量衡的曾经。在这个生活快节奏的大时代，我们不忘过去，展望未来。本书中的计量结合了历史典故，名人轶事。希望读者朋友在生活工作之余，一杯茶，一本书，开心阅读，这就是我写本书的目的。

最后，感谢阅读本书的读者！

诸葛欣

2022 年 9 月

目录

第一章
三皇五帝时期——远古时期的度量衡

第一节　人类的起源

一、女娲戏黄土，团作愚下人——数和量的诞生

关于人类的起源，我们听过无数美好的神话传说，女娲总是作为人类的始祖出现。其中的说法之一是人类来源于女娲抟土，因为不同的手法，捏出的泥人与挥出的泥点产生了所谓的上等人与下等人。无论人种与肤色，人类的大脑结构都一样，在改造大自然中发挥着各自的价值。度量衡也来自人类利用和改造大自然的实践，来自社会化大生产。

（一）原始的测量

从旧石器时代开始，类人猿开始利用一些随手可得的工具（树枝、石头）在大自然中摘取果实，逐猎动物，饥则求食，饱则弃余。劳动开发了类人猿的大脑，带来形体变化，将其进化为直立行走的人。人类开始对自然现象进行总结归纳，例如，砍砸猎物的石块有大小，为了使用起来得心应手，又对石块等进行打磨，各种原始工具由此形成。那时，人类在主观意识中开始用自己的身高和臂长作为标尺去比较长度，这就是原始的测量。测量是人类认识世界、改造世界的重要手段。

（二）数量的来由

"路漫漫其修远兮，吾将上下而求索"。氏族社会，在劳动、生活、分配食物时，大家对物质多少产生了疑惑，于是发明了数量。计量需要定量的表示，量的数值是数字和单位的结合。自然界的任何现象、物体或物质都以一定的形态存在，并分别具有一定的特性，这些特性通常用量来表征。量是指现象、物体、物质的特性。量的大小是对事物多少的标记，可用一个数和一个参照对象来表示。为了让量的定义便于理解，仅以老少皆知的量"长度"举例：长度 3 米，长度的量值用数字 3 与参照对象"米"来表示。

二、范金合土陶最古，虞夏商周谁复数——定量容器的雏形

瓷花瓶经常被分为由机器制作的和由手工制作的，工艺有手工画图与机

器印花等，价格相差很大。但我们没有想到的是，陶器与度量衡曾有很紧密的联系。陶器在今天也大多用于装饰。“新石器时代”的陶器已有行踪，陶器的发明是人类利用化学变化改变物理性质的开始，这一发明也是人类社会由旧石器时代发展到新石器时代的标志之一。火的发明和使用助力了陶器的发展。

（一）陶器是古老的定量容器①

度量衡贯穿人类文明发展史。原始社会，人类食物往往来源于大自然中的动物、植物。食物的充裕全凭它们的恣意成长、土地的恩赐、猎取与收获的运气。原始社会后期出现了农耕经济，人们通过自己的劳动来种植植物，圈养和驯服动物，人类社会文明又大大前进了一步。在盛食厉兵、食物充足的条件下，一部分人脱离农业活动，专门从事手工业，度量衡与手工业的发展是联系在一起的。

大量陶器的研制和出土(图 1-1)说明人类对容量有了进一步的认识。公元前 3 000 年至公元前 2 500 年的广东石峡文化就有出土的陶器，其中有少量的白陶、红陶、白陶鼎、陶钵和碗等。在收获食物的季节，人们围成一个圈，先用大陶器盛装和分配，轮流转一圈，再用小陶器盛装和分配，零散的剩余再转一圈。陶器用来盛装和分配粮食逐渐让人认识到陶器与容量之间的关系。

图 1-1　出土陶器

（广东省博物馆藏）

① 夏王朝建都于河南偃师，偃师是块风水宝地。在偃师二里头夏商遗址、郑州商代中期遗址及晚期城市遗址中，有大量大口陶尊出土，具有外形齐整、口径一致、高度相近、容量相等的特点，分平底、圆底、尖底三类，简单通俗地说，就是相同容量的容器批量生产。大口陶尊成品后，在口沿处刻有一道计数符号，这与我国现用的定量容器有惊人的相似之处。在玻璃器皿没有产生的时期，我们姑且把陶器暂当它的鼻祖。如今，工厂、学校、实验室使用的玻璃器具——单标线容量瓶设计与大口陶尊相似，在近瓶口处刻线，定制容量，且只有单一的标称值。

（二）度量衡是治理私欲、追求公平公正的产物

随着商业的产生及昌盛，度量衡走进了老百姓的日常生活。在人类商品活动的初期，以物换物，它们不一定等量，也不一定等价值，此时度量衡还没有出现。随着经济发展，贸易流通、货物数量增多，体积巨大的物品由于笨重无法随身携带及现场交换，它们就需要通过某种介质来流通。在货币产生后，货物交换有了媒介，度量衡器具备了应用的领域，度量衡器是贸易结算的支撑。度量衡之所以得到完善、发展和应用，因为它是治理人们的私欲、追求公平公正的产物。度量衡不是产生于变换，而是规范了交换行为。

三、尧咨洪水际，羲画结绳余——最古老的计数方法之一

（一）结绳记事是最古老的计数方法之一

远古的时候，没有文字，人类是如何记事的呢？在汉字出现前，我们的祖先记录事情依靠口口相传。人们的生产活动主要是打猎，猎物用绳子串起来，一个猎物打一个结，打结的次数多了，就发现了规律。猎物越多，绳子上的结就越多，后来就用绳子打不同的结来代表不同的意义，最终形成了定律，结绳记事便发明了。结绳记事是最早的计数方法之一。

（二）结绳记事是文字的起初

《易经》记载了上古时候的人用结绳记事，治理天下。在没有文字的时候，用绳子打结来记录事件，盟约双方各执一绳，对比绳子上的记录来查询双方的约定。大的事情，打个大结；小的事情，打个小结。结的多少根据需要记载事情的多少来确定。虽然这种方法很原始，但是在没有文字的时候这种方法很实用。

许灏在《说文解字注笺》中提出在开始造字的时候先有数字，后有其他文字。1944 年于吾省先生写的《释一至十之纪数字》就提出人类进化初始由结绳记事演变为数字记事。

结绳记事不禁让我联想到了军事密码，一个结代表一个意义，与其有点类似之处。我国第一本密码本的编写人是宋朝曾公亮。他是中国第一部官修的军事百科全书《武经总要》的作者之一。老少熟知的国际救援信号“SOS”，实际上是一串摩斯密码：“· · · — — — · · ·”，也就是“嘀嘀嘀嗒嗒嗒嘀嘀嘀”。这三短三长三短的信号是国际通用的求救信号。

第二节　困境产生进步

一、三皇之后五帝传，少昊颛顼高辛继——度量衡单位的产生

（一）隶首之学

三皇五帝时的度量衡数值因为尚无出土文物证明，所以无法折合成今天的国际单位制数据来证实，只能根据史书记载查询一二。

黄帝时，隶首是黄帝的一名史官，主要负责算账和记账，相当于现在的会计。当黄帝统一了各个部落，各个部落的人民每天捕鱼打猎，制衣缝物，制车造船，生产力蒸蒸日上，记账和管理账目就成为一件大事。这时，结绳记事等就不够用了。

清朝学者吴乘权等在《纲鉴易知录》中写道："黄帝命隶首定数，以率其羡，要其会，而律度量衡，由是而成焉。"隶首[①]是人名，传说古老的中国计算机——"算盘"就是由隶首发明的。隶首可以算得上是中国第一个会计。隶首研制了各种度量衡标准和单位，由黄帝遣造律，以定度量衡，虞舜开始统一律及度量衡。

（二）黄钟律管

《吕氏春秋·季夏纪·古乐篇》及《汉书·律历志》记载了："昔黄帝令伶伦作为律。"昆仑山的北面有一种中间空而且壁厚均匀的竹子，选择两节之间的一段，三寸九分，吹它，把这段竹子发出的声音定为黄钟律的宫音，吹出来的声音称为"舍少"，依次制造十二只竹筒，拿着它们来到昆仑山下，聆听凤凰的鸣叫，以此区别十二乐律。把雄凤鸣叫分为六声，雌凤鸣叫分为六音，用这些声音定出的乐律与黄钟律的宫音相比，黄钟律的宫音都可以产生这样的声音，所以黄钟律的宫音是音律的根本。

1. 黄钟取名有讲究

《淮南子·天文训》中写道："黄钟之律九寸，而宫音调，黄者，土德之色也，钟者，气之所种也，日冬至，德气为土，土色黄，故曰黄钟。"这也可作为黄钟名字来由的考证之一。古代以五行相生相克会附属王朝命运，德是功德。炎帝属火，黄帝属土，"黄"是土地的颜色，"钟"是气相聚的意思。冬至时，五行之气中的土气旺盛，土的颜色是黄的，所以和冬至相应的音律就叫"黄钟"。律的意思是竹管。

2. 黄钟律管是度量衡的源头

黄钟律管是我国度量衡的正源，把声音的数值物化，固定成器。在上古的时

---

① 隶首之学是指算术、算学。俞樾在《〈显志堂集〉序》中写道："先生治经，通小学，故不为浮词，尤精隶首之学，能推而行之，清丈之法生焉。"

候，黄钟律管与度量衡起初是没有联系的，同律度量衡只是把音律和度、量、衡分别统一了，后人采用最大公约数法把黄帝、夏、商、周的尺度与黄钟律管的长度联系起来。因为黄钟律为八十一分，度出于律，于是后人把黄钟律管的长度也定为九寸八十一分，这就是黄帝时期的古律尺，当时国家的法定尺采用九进制。

音律以九为整数，长度以十为整数。三代的尺度与古律尺长度之间用最大公约数法，产生长度数值。夏、商、周的尺度三代传承。西汉时，《律历志》对黄钟律管是度量衡的源头以正式书面形式做出规定与记载，予以册封。

当音律与长度产生联系，度量衡换一种方式以“黄钟律管”为源头时。我国古典音律有十二种[①]，一律生五音，黄钟律律长最长，宫音为五音最低，当口径一定时，则黄钟律管的长度一定。宫、商、角、徵、羽对应 do、re、mi、sol、la。从声学的角度分析来看，黄钟律管的量值传递的理论基础与声学的本质是测量频率。在声学中，一个重要的参数是频率。人耳可闻的振动频率范围为 20～20 000 Hz。在同一介质中，只要律管的口径不变，波长和管长就有确定的关系。然而，如果管子尺寸没有一个稳定的标准，就难以得到可靠的音准。因为声音是看不见，抓不着的。古代没有音准仪，只能凭耳力分辨，音失之甚易，求之甚难，只能凭着有经验的乐师和音律学家用耳朵来分辨音频。人们认识到能发出准确音高的黄钟律管的的长度和内径是一定的，便用累黍的方法把黄钟律管的长度、管径固定下来，并且与度量衡三者相互校正。

3. **度量衡数值出自黄钟律管**

中国历代的官方度量衡数值出自黄钟律管的长度。虽然黄钟律管的定义没有改变，但历朝历代尺的长度定义不同。黄钟律管的长度曾被定值为 9 寸，九进制；汉朝把黄钟律管的长度定值为 10 寸，十进制。当黍作为量值传递的介质时，黍的排列方法不同（纵累、横累、斜累三种形式），度量衡量值传递是根据黄钟律管的长度来进行的，与黍及其排列没有关系，与黄钟律管的定义有关系。例如，我们可以把黄钟律管的长度定义为 10 寸或 9 寸。历朝历代没有黄钟律管的实物流传，黍也没有被历代保存与流传，所以历朝历代的法定尺的长短不同。

古代的历代律尺的度量衡地位总在黄钟律管之下。黄钟律管的长度量值传递给律尺，律尺的长度用来校准乐器。中国是礼乐之邦，因为历代帝王重礼乐，所以历代帝王总想首先校准律尺。可以说，黄钟律管是度量衡的源头，律尺位于水源的中游，乐器位于下游，万般河流，终归大海。

古代度量衡单位有国家法定度量衡单位与民间约定俗成的度量衡单位。民间约定俗成的度量衡单位不存在量值传递关系，数值大小无统一定论。

---

① 五音十二律，汉族乐律学名词，是古代的定音方法。五音，即宫、商、角、徵、羽。十二律从长到短依次为黄钟、大吕、太簇、夹钟、姑洗、仲吕、蕤宾、林钟、夷则、南吕、无射和应钟。

4. **黄钟律管的用处**

《汉书·律历志》规定了律与度量衡的关系:“度者,分、寸、尺、丈、引也,所以度长短也。本起黄钟之长。量者,龠、合、升、斗、斛也,所以量多少也。本起于黄钟之龠。权者,铢、两、斤、钧、石也,所以称物平施,知轻重也。本起于黄钟之重。”汉代就规定了度量衡中的“长度、容量、重量”的量值都来源于黄钟律管。取均匀适合的90粒黍无缝排成黄钟律管的管长,然后把1粒黍把黄钟律管纵向所占长度定为1分,1寸=10分,将黄钟律管长度定为9寸,1尺=10寸,1丈=10尺,1引=10丈。把黄钟容纳1 200粒黍的容量定为1龠,1合=10龠,1升=10合,1斗=10升,1斛=10斗。黄钟容纳1 200黍的重量定义为12铢,即1龠容1 200黍,重12铢。1两=24铢,1斤=16两,1钧=30斤,1石=120斤。上古时候,度量衡量值传递的方式没有找到具体书面记载,但从汉代开始,《律历志》已经明确记载了汉时度量衡的量值传递的方法,汉采用十进制。

《世本·帝系》记载,少昊“同度量,调律吕。”《左传·昭公十七年》记载:“五雉为五工正,利器用,正度量,夷民者也。”雉有五种,以鸟名官或五种雉鸟分别表示某一个工种。“雉”是一个职位名,五雉来自五个方向,雉名工正之官,五工正就是掌握东、西、南、北、中的官员。“正度量、同度量、调律吕”相当于我们今天的计量检定,“雉”这个人检定度量衡器具的数值,防止老百姓因为度量衡的数值不等而起争议。史书为证,度量衡的统一是国家体制的一部分,度量衡关乎民生。《史记·律书》记载:“王者制事立法,物度轨则,壹禀于六律,六律为万事根本焉。”政权统一后的首要事情是度量衡的统一,这是政权稳定的根本,民生大计。可见,度量衡总是与皇帝联系在一起的。

(三)度量衡的故事

我国各个朝代的度量衡标准数值是不同的,在我国五千年度量衡的传承中,只有度量衡量值传递方法得以继承。一本度量衡事儿,一本黄钟律。度量衡量值传递方法没有变,度量衡数值定义发生了改变,而历朝历代的黄钟律管也没有实物来承上启下。度量衡与历史、政治、文化、人物有关。

关于黄帝时期的度量衡,《孔子家语·五帝德篇》写道:“黄帝者,治五气,设五量。”五量的发明方便了老百姓。

五量是指权衡、斗斛、尺丈、里步、十百。在古代,衡器称重的砝码和秤砣称为“权”;天平和秤称为“衡”;“斗”“斛”归属于容量;“尺”“丈”归属于长度;“里”“步”用于计量道路长度及土地面积,“里”“步”在制定时与“尺”“丈”没有实质性关系,从周代开始,“步”与“尺”便产生了联系,“六尺为步”。数字“十百”表明当时已采用十进制,一而十,十而百。

从清末开始,我国把里步命名为方里、方步。民国四年的《权度法》开始把

“长度、土地面积、容量、重量”四法并列，从那以后，中国把土地面积与度量衡分开。

《尚书·虞书·舜典》是现存最早出现“度量衡”的古书典籍。《尚书·虞书·舜典》写道，这年二月，舜到东方巡视，到达泰山。协调春、夏、秋、冬四时的月份，确定天数，统一音律、度、量、衡。古代交通、信息不发达，统一度量衡非常辛苦和费脑力。

（四）同律度量衡

古时的度量衡是由政府制定和颁发的。《通用计量术语及定义》(JJF 1001—2011)包括首次检定、后续检定和测量仪器的监督检查，其中首次检定是指对未曾检定的测量仪器具进行的一种检定；后续检定是指在首次检定后的一种检定，包括周期检定、修理后检定；测量仪器的监督检查是指为验证使用中的测量仪器符合要求所做的检查，包括测量仪器是否遭到明显改动以及误差是否超过使用中最大允许误差。舜到东方巡视就类似于监督检查。在我国现行的部分规程中，监督检查的仪器使用一般允许误差数值是检定时的两倍。

《汉书·律历志》[①]开篇第一句话就说：“乃同律度量衡”。统一律、度、量、衡”是为了使度量衡远近一致而使其取信于民。夏、商、周时，度量衡制度就更加清晰了。上古时代，帝王巡视时核查使用中的度量衡是否失效，诸侯国之间的标准器五年一校，而各诸侯国的度量衡器具每年两校。《汉书·律历志》首次明确中国以黄钟律管为度量衡的源头，借助于“黍”和“井水”来实现。

二、粤有生民，伏羲始君。结绳阐化，八象成文。芒芒九有，区域以分——测量仪器的发明

规矩是用来画圆形和方形的两种工具，常用来比喻一定的标准、法则或习惯。在我国山东嘉祥县武梁祠汉代石窟拓片中，女娲和伏羲手执规矩，伏羲手里拿的是尺子，称“矩”，用来丈量，形状像现代的直角尺；女娲手里拿的是规，用来画圆(图 1-2)。

武梁祠汉代石窟拓片证实了人类在早期就使用了测量工具——规、矩，至少汉代就有。“规、矩”是简单的画图工具，古人已发明可以画圆与画方的器具。没有规矩，不成方圆。

中国文明如满天星斗，星罗棋布。经纬线纵横，遍地女娲伏羲图，手握“规矩”。测量仪器发明了，度量衡又与神话联系在一起。

---

① 我国古代记录度量衡的典籍有《汉书·律历志》《后汉书·律历志》《晋书·律历志》《宋书·律历志》《魏书律历志》《隋书律历志》及《宋史律历志》等，其中《汉书·律历志》《隋书·律历志》《宋史·律历志》被称为中国度量衡的三大正史。

图 1-2 女娲伏羲
（中国国家博物馆藏）

三、大禹理百川，儿啼不窥家。杀湍湮洪水，九州始蚕麻——完整的测量活动

（一）大禹是一位度量衡专家，他进行了完整的测量活动

我们在神话"女娲伏羲图"中看到了规矩的身影。在现实中，它是否真的存在？规和矩是什么时候产生的？我们在大禹治水中找到了它的踪影。《史记·夏本纪》记载：禹"左准绳，右规矩，载四时，以开九州，通九道，陂九泽，度九山"。"准"可能是古代测量物体平直的工具。准的功能相当于现在的水平仪。"绳"是墨绳，很多老木匠、瓦匠现在还习惯用墨绳吊线看平直度。"规"是圆规，可以画圆。"矩"是绘制方形的直角尺。禹在划分九州，治理水患时使用了准绳、规矩等测量工具。

1. 度量衡不是来自民间自由组织

古代度量衡有自然物与人为物两种标准。《史记·夏本纪》中的禹"声为律，身为度，称以出"，大禹说话的声音合乎声律，行为合乎规矩，衡量好了才处理事物。东晋王嘉在《拾遗记》中写道，大禹在治水时得到神物的协助，得到了测量工具。他在开凿龙门时，有一头如豕的神物口衔明珠引他至"伏羲"面前，伏羲交给大禹一支长一尺二寸的玉简，用以量度天地，大禹凭借它平定了水患。我国古代度量衡标准量值历来不是来自民间自由组织。

大禹颁布测量仪器“玉筒”时借助了人的信仰，有了确定已知数量“一尺二寸”，度量衡单位出现了“尺、寸”。《淮南子·天文训》记载“人修八尺”，八尺应是与标准长度比对得出的，即一个人身高约为八尺。由于历朝历代的尺的长度五花八门，所以后朝人修改的长度也有七尺，我们常说，堂堂七尺男儿，这种说法最早来自《荀子·劝学篇》中的“口耳之间则四寸耳，曷足以美七尺之躯哉?”如果按照与荀子时期相近的秦尺标准(23.1 厘米)来计算，七尺也就是一米六多一些。

2. 古老的测量仪器

三皇五帝时，祖国大地上已经有了古老的测量仪器。《尸子》记载：“古者，倕为规矩准绳，使天下效焉。”也就是说，一个叫“倕”的人制造了规矩、准绳等工具，全天下的人都来仿制，这就是测量仪器的雏形。《事物纪原》记载：“倕，黄帝时巧人。”传说中的倕是黄帝时代的人，还有一种说法认为，他是尧舜时代的人。

《淮南子·地形训》记载：“禹乃使太章步自东极，至于西极，二亿三万三千五百里七十五步。使竖亥步自北极至于南极，二亿三万三千五百里七十五步。”《山海经·海外东经》记载，大禹命助手竖亥“步自北极至于南极，五亿十选(选，万也)九千八百步”，简单地说，就是大禹让“太章”“竖亥”二人以“步”为“尺”从东到西，从北到南测出两点之间的距离。当步应用于度量衡时，以六尺为步，专用于道路或土地面积长度的度量衡单位；当“步”为动词时，它被用于测量距离，有一定的数值，不是行路，也不是闲庭信步。

《大戴礼记·主言》[①]中的“举足为跬，倍跬为步”，也就是单脚迈出一次为跬，双脚相继迈出为步。《小尔雅》中的“跬，一举足也，倍跬谓之步。”在早期社会中，跬是测量土地面积的最小单位。在井田制中，百步为亩。秦国商鞅变法废井田，规定“六尺为一步”，以 1 亩＝240 步。

《大戴礼记·主言》记载：“百步而堵，三百步而里。”里的概念发生了变化。古代测量[②]土地面积用“步、里”。商周时期，1 里＝900 亩，长宽各 300 步，这里的里既是长度单位，又是面积单位。由于历朝历代的尺度的长短不同，历史总是在演变。唐朝以后，1 步＝5 尺，1 里＝360 步，里变为长度单位。

（二）测量的产生

测量今俗称计量。《周髀算经》记载：“故禹之所以治天下者，此数之所由生也。”甲骨文中已发现有一、二、三、四、五、六、七、八、九、十、百、千、万等数字。考

① 中国有《大戴礼记》，也有《小戴礼记》。《大戴礼记》是西汉戴德选编，成书于东汉时期，收录的文献多出于公元前，是研究上古社会状况的重要参考文献之一。

② 测量是人类认识和揭示自然界物质运动规律，借以定性区别和定量描述周围物质世界，从而改造自然和改造世界的一种重要手段。测量就是“以确定量值为目的的一组操作。”操作可以是简单的动作，也可以是复杂的物理实验。测量通过计量器具来实现。测量仪器又称计量器具，是用来测量并能得到被测对象量值的一个或一组装置。测量活动是把“确定的已知量”规定为某单位量，通过它与未知量进行比较，来确定这个未知量的大小，并用数量来表示的活动。

古发现，自有文字出现，中国记数就是采用十进制。赵君卿在《周髀算经注》中说："禹治洪水，决疏江河，望山川之形，定高下之势，除滔天之灾，使东注海，无浸溺之患，此勾股之由生也。"勾股定律可能在大禹治水中就有应用。测量活动的雏形在大禹治水中已显现。

"漠漠水田飞白鹭，阴阴夏木啭黄鹂"，记得我父母上山下乡时，农村抽签分田地，如果没有足够长度的卷尺，农民伯伯总要在田边走几步，测测田亩的长宽，用"步"核一核自己分到的田地。由古至今，古老的度量衡文化已印记在我们的行为中，也给我的童年增添了美好的回忆。

第二章
夏、商、周——上古时期及周朝度量衡

第一节　度量衡与政权

一、夏禹一传启以贤，少康兴夏灭猿豷——容量和质量标准的出现

夏朝建立后，国家构架雏形显现，赋税开始征收，不再以物易物。赋税的征收推进了度量衡的研究发展，你中有我，我中有你，共同促进。度量衡随着国家形态的发展而发展。于是，质量的度量衡单位出现了。

（一）什么是“关石和钧，王府则有”

《越绝书》写道，大禹“审铨衡，平斗斛”，铨就是权，衡就是衡器，斗斛是量器。禹对度量衡器具进行检查，他的行为被记录下来。早在夏朝前，中国度量衡就有了使用中检查的前身。《尚书·五子之歌》记载：“明明我祖，万邦之君。有典有则，贻厥子孙，关石和钧，王府则有”。“石”“钧”的标准原器保存在权力阶级手中，这里的“石”“钧”是指质量标准原器。

早期的度量衡由统治者掌管，他们利用这些器具来收取赋税或为上层阶级的某些需要服务，度量衡还没有成为买卖的公允标准。度量衡管理制度被夏、商、周王朝三代传承，先制定度量衡制度，再颁发度量衡器具，最后使用中检查，度量衡权与政权结合。夏、商赋税制度的建立导致铜器也逐步被使用，直至盛行。质量与金属有关，金属不易腐烂，所以容易流传。

《说文解字》记载：“斤，砍木斧也，象形，凡斤之属皆从斤，当有一曰十六两，乃与金部铢钧、网部两、禾部柘、合成五权。”斤、铢、钧、两、柘都是质量单位，1 斤是 16 两。《说文解字》写道：“度量权衡以粟生，一粟为一分，十分为一寸，千二百粟为一籥，十籥为一合，十粟重一圭，十圭重一铢，二十四铢重一两”。其中长度：1 分＝1 粟，1 寸＝10 分；容量：1 籥＝1 200 粟，1 合＝10 籥；质量：1 圭＝10 粟（黍），1 铢＝10 圭，1 两＝24 铢。“关通和平也，百二十斤为石，三十斤为钧，钧与石，五权之最重者也。”其中 1 石＝120 斤，1 钧＝30 斤。

（二）尺分三系

黄帝让伶伦同律度量衡，后世用黄钟律管之长作为 9 寸的尺度，1 寸＝9

分，九进制。夏、禹、舜以黄钟律管的长度定值为1尺；周尺长度是黄钟律管长度的4/5，商尺[①]的长度是黄钟律管长度的5/4，夏把黄钟律管的长度定义为1尺。殷商把黄钟律管的长度定义为10寸，减去1寸作为商尺1尺的长度，周把黄钟律管的长度定值为10寸，减去2寸为周尺1尺的长度。夏朝把黄钟律管的10寸定为尺，商朝把黄钟律管的长度定为8寸，再加2寸为尺，周把黄钟律管的长度定值为10寸，减去2寸定义为尺；黄帝之后，尺的长度全部采用十进制。

在没有采用米制公约的度量衡历史中，我国的尺度分为三大类：①以黄钟律管长为源头，产生的律尺就是我们今天的法定尺，量值准确性有统一的标准，同律度量衡；②周代开始，从律尺衍生的木工尺，也叫鲁班尺，是黄钟律管长度的4/5，量值一直保持在商尺量值的左右；③周代开始，从律尺衍生的裁缝尺，又名衣工尺，民间使用，量值大小不定。

（三）田有规划

《诗经·小雅·信南山》记载："维禹甸之。""六十四井为甸，甸方八里，居一成之中，成方十里，出兵车一乘，以为赋法。"古时的农田已经借助器具来划分面积，土地度量衡单位可能已经产生。夏禹在治水时积累了经验，已经借助工具丈量土地。

（四）长度单位的涌现

在周代以前还出现了长度单位"寻、常"。"布指知寸，布手知尺，舒肘知寻，斯不远之则也。"古时候，人们用大拇指与食指一叉，作为一尺，两臂左右伸开为八尺，作为一寻，中指中节上一纹的宽度，作为一寸（中指中节有二条纹，以上面的一条为准）。"八尺为寻""倍寻为常"。"尺"字，象形字，拇指和食指伸开就是一尺。布手知尺是指男子的手，女子的手比较小，我们称之为咫尺。寻的长度有很多说法，各朝各代长度不定。

三皇五帝和夏朝时的度量衡最先为黄帝治五气设五量，同律度量衡，黄钟律管成为度量衡的源头。大禹治水时，又有了用作直尺的玉筒，尺度就这样产生了。

因为此时布手知尺的长度与一尺的长度大约相等，"人体成为万物的度量衡"。所谓布手知尺，布指知寸，举足为跬，人体器官经常应用于测量活动方面。

---

① 商尺是商朝的尺。唐以后，历代为工部用的营造尺，俗称鲁班尺，也叫大尺。

小知识

古时候，英国商人因没有统一的"尺子"在买卖中经常发生纠纷。有一回，一位胖大臣让一位瘦大臣帮自己去邻国代购"十围"布匹，结果布匹买回来，同一块布匹，瘦大臣围有"十围"，胖大臣围有"七围"。胖大臣说瘦大臣缺斤少两，布匹长度不够，讹诈他的钱财，于是，两人争执不下，便闹到了查理曼大帝那里。查理曼大帝束手无策，气急之下，一口气没喘上来，脚一蹬，晕了过去。一位"擦鞋"大臣（广州话就是马屁精）就以皇帝伸出的脚作为"尺子"，量取这块布的长度。当这位大帝醒来后得知侍臣们用他的脚作为"尺子"来量取长度后，便正式宣布用他的一只脚的长度作为"一英尺"，所以英语中"英尺"与脚（足）是同一个单词"foot"。查理曼大帝的脚用于量值传递，产生了"foot"的长度。

二、殷汤应天而顺人，兴王地方七十里——现存最早的度量衡文物

（一）商尺是最古老的度量衡文物

文物是历史的证明，述说着无言的事实，代表着古老的文化。三皇五帝和夏朝时的度量衡描述只有书本记载。由于时代久远，具体数值暂时没有找到有力的佐证，所以它不能折合成现代的国际单位制——米制。我国出土的最早的度量衡实物是商代的牙尺（图 2-1）。它为上古时期的度量衡数值提供了一项证明，在中国国家博物馆藏有一支。商代的牙尺，尺正面 10 等分，每一份长度为 1 寸，每寸刻 10 分，全长 15.8 厘米。《大戴礼记》曰："布指知寸，布手知尺，舒肘知寻（八尺为寻）。"人体是万物的度量衡，在科学不发达的时候，就是用身体来比对标准长度。古人的人均身高比现代人的身高矮，现在我们生活水平提高，人均身高每年增长。商尺与《大戴礼记》中的布指知寸、布手知尺的长度差不多。周王朝已明确规定了以布手知尺为法则。古时候的直尺起初都是尺长为 1 尺，现在的直尺尺长可以为 1 尺，也可以为 2 尺、3 尺，都可以称为尺。商尺尺长为 1 尺，正面 10 等分（即 10 寸），每寸刻 10 分。

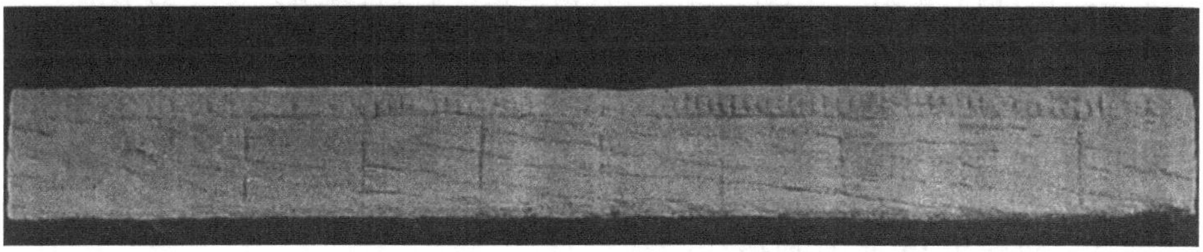

图 2-1　商牙尺

（中国国家博物馆藏）

为了实行经济剥削，商代统治者依赖矩弓、绳子，对土地进行了划分。商代的度量衡制度基本沿袭夏朝，只有数值的改变。

（二）历史有记忆

分田到户的时期，在用量器具核查农田面积时，绳子长、尺子短。在使用布票的年代，每次售货员裁了布，就用布手知尺，核一核布匹的长度。布手知尺是食指和中指。这些行为说明，人体部位是我们首先想到的度量衡器具。今天，快递公司上门收快递，我们也常见快递员用布手知尺估计箱子的长宽以计体积，回到公司后再次核算。

第二节　质量单位的记载

一、姜太公垂钓：闲来垂钓碧溪上，忽复乘舟梦日边——质量单位的发现

《汉书·食货志》中的太公就是直钩钓鱼姜太公，我们只知姜太公钓鱼，治理国家，具有军事才能，却不知他也是一位工科专家，对度量衡也有研究。

二、姜太公制定质量标准

《汉书·食货志》记载："太公为周立九府圜法：黄金方寸而重一斤，钱圜函方，轻重以铢，布帛广二尺二寸为幅，长四丈为匹。"太公亲自为周王制定度量衡标准，一立方寸"黄金"重一斤，以"黄金"的密度为标准，钱外圆内方以质量单位铢来计重，幅宽度定义为二尺二寸，一匹长四丈。质量单位——斤、铢找到了最早的史书记载，长度单位有寸、尺、丈。这里的度量衡标准是权威人士姜太公定的。

李贤注引《说苑》："二十四铢重一两，十六两重一斤，三十斤重钧，四钧重一石。"即1两＝24铢，1斤＝16两，1钧＝30斤，1石＝4钧。《孔丛子》中记载："二十四铢为两，两有半曰捷，倍捷曰举，倍举曰锊，锊谓之锾，二锾四两谓之斤，斤十谓之衡，衡有半谓之秤，秤二谓之钧，钧四谓之石，石四谓之鼓。"即1两＝24铢，1捷＝1.5两，1举＝2捷＝3两，1锊（锾）＝2举＝6两，1斤＝16两，1衡＝10斤，1秤＝1.5衡＝15斤，1钧＝2秤＝30斤，1石＝4钧，1鼓＝4石。当商品实物直接交换变为间接交换，以货币为中介时，度量衡器具得到了广泛的推广。

三、周朝的度量衡制度

周成王六年，周公朝诸侯，颁度量——"正是所谓圣人南面而听天下，立权度

量。”周朝的度量衡由中央统一管理。“内宰”颁发最高度量衡标准和度量衡法令；“大行人”校正诸侯国之间的标准器；“合方氏”管理民用度量衡器具，负责使用中的器具监督检查。这三者都是中央政府的度量衡官员。

地方的官员有“司事”，负责管理和办理地方度量衡事务，掌管度量衡器具；管理市场的人叫作质人，即检定员，执行检定及使用中检查的任务。西周的市场上有质人①，管理度量衡器具，进行使用中检查，防作弊。当买卖交易出现纠纷时，质人就使用度量衡标准进行评判。

在度量衡标准器颁发后，西周每十年中央检定一次各诸侯国的标准副原器，每五年检定一次各州的标准器，每一年检查两次民间的计量器具，每年的春分及秋分进行检查，校正民间的计量器具。

《礼记·月令》记载：“仲春之月，则同度量，钧衡石，角斗甬，正权概；仲秋之月，同度、量、平权衡，正钧石，角斗甬。”“概”表面应保持水平，古代量器计量物品的量器口应水平；“概”就是用来平量器口的物品；甬即“斛。”这里的“钧、石”属于质量器具，甬即“斛”，属于容量器具。

西周初期，诸侯国度量衡基本与中央统一了。从周幽王后，当诸侯国不再以周天子为权威时，度量衡也就乱了。东周各国，度量衡各成派系，有相似，也有不同。西周时期，国家实行井田制，将田亩划分成“井”字形，把每块的土地按“井”划成 9 份，其中一块为公田，其余 8 份分给八户人家耕种，公田由 8 家共同种植，公田收获交给国家。

四、井田

西周建国后，实行分封制。西周天子把土地分给诸侯，诸侯又把土地分给大夫，大夫分给士，层层分封。《尚书·盘庚》曰：“惰农自安，不昏作劳，不服田亩。”土地度量衡单位出现“亩”。《诗经·周颂·噫嘻》记载：“噫嘻成王，既昭假尔。率时农夫，播厥百谷。骏发尔私，终三十里。”《周礼·地官·司徒》记载：“辨其野之土，上地、中地、下地，以颁田里。”

井田制发展至西周已比较完备，拥有了相当准确的亩制和比较完整的灌溉系统。《韩诗外传》记载：“广一步长百步为一亩”，一步六尺，因此，一亩就是长 100 步，宽 1 步的土地。《韩诗外传》还记载：“广百步长百步为百亩”。《穀梁传·宣公十五年》记载：“古者三百步为里，名曰井田，井田者，九百亩”。《礼记·王制》曰：“方一里者，为田九百亩。”《韩诗外传》又记载：“古者八家而井田，方里为一井，广三百步，长三百步为一里，其田九百亩。”“亩”为古时的田地面积单位。

① 《周礼·地官司徒》中记载：“质人掌成市之货贿、人民、牛马、兵器、车辇、珍异。”西周的青铜器上还刻有质量单位“寽”和“匀”。王室和领主常把一定量的铜作为赏赐和交换的等价物。

五、长度

西周一尺折算为现在的多少厘米没有找到实物佐证，我们只知布手知尺。《说文解字》记载："尺，度名，十寸也。人手却十分动脉为寸口，十寸为尺，规矩事也……从尸从乙。"《孔子家语》记载："布指知尺，舒肱知寻。"这里的度量衡以人体为"法则"，因为古时一尺与布手知尺的长度相近。1 尺＝10 寸，1 咫＝8 寸，1 丈＝10 尺，1 寻＝8 尺，1 常＝2 寻＝16 尺，仞的长度众说纷纭，无统一说法。仞用于深度，两手向上下伸开的长度；寻用于广度，两手左右伸开的长度。咫、寻、常、仞这几个长度单位在周朝以后较少用。

长度的通用名称为"寸、咫、尺、丈、寻、常、仞"。据《前汉·律历志》记载，度量衡皆起于黄钟之律，一黍为分，十分为寸，十寸为尺。这里的度量衡是以黄钟律管为源头。除了作为长度、容量、质量的简称，度量衡还包括单位、制度和管理条例等。古时候的度量衡有以黄钟律管为源头和以人体为比对的法则两种形式。随着经济及社会的发展，人体为法则逐渐消失或存在度量衡所不能达到的范围。例如，对于土地单位测量而言，古时没有 GPS 测亩仪，直尺量程只有 1 尺，达不到所需测量的范围，所以"步"用来测量"亩"存在了很长时间。

六、容量

古时的赋税起初以容量为单位，所以西周最早造了"嘉量"这种容量以人为物的标准器。据《周礼·考工记》记载："桌氏为量，改煎金锡，则不耗；不耗，然后权之；权之；然后准之；准之，然后量之；量之，以为鬴。深尺，内方尺而圆其外；其实一鬴，其臀一寸，其实一豆；其耳三寸，其实一升。重一钧。其声中黄钟之宫。概而不税。"其铭曰："时文思索，允臻其极，嘉量既成，以观四国，永启厥后，兹器维则。"这是最早记载"嘉量"的文献。"桌"即"栗"。在"嘉量"中，我们找到了容量单位"鬴、豆、升"；长度单位"尺、寸"；重量单位"钧"，证明西周时有了"嘉量"作为容量标准器。

容量以人体为法则。《小尔雅》记载："一手之盛谓之溢，两手谓之掬，掬四谓之豆，豆四谓之区，区四谓之釜，釜二有谓之半薮，薮二有半谓之缶，缶二谓之钟，二钟谓之秉，秉十二斛。"其中 1 钟＝10 釜，1 釜＝4 区，1 区＝4 豆，1 豆＝4 升，它们都是量器具名称。溢、掬是以人体为法则的计量名称，薮、缶、秉借用的是收庄稼的计数名称。

第三章
春秋战国、秦汉至唐——中古时期的度量衡

第一节 度量衡的传承与地理位置

一、烽火戏诸侯，三家分晋——东周时的度量衡

春秋时期，由于生产力的发展，大量的私田出现，井田制逐渐被废除，承认了私田的合法性，改为征收赋税。赋税的征收要有度量衡统一，度量衡得到了更广的应用及发展。战国时期，铁器得以广泛使用，度量衡制度也得以延续。东周的容量单位有“斗(斛)、升”等。一斛约为 2 050 毫升，一升约 200 毫升。

东周三晋重量单位从“寽、冢、匀、釿、镒”向“铢、两、斤、钧、石”过渡，其量值无法证实，1928 年，在河南洛阳金村出土的金村铜钫“四寽十一冢”重 4 912 克，金村铜钫“四寽二十三冢”等于 5 450 克。1932 年，洛阳金村周墓曾出土一把东周的铜尺，一端有孔，长为 23.1 厘米。尺上的长度单位有“尺、寸、分”，这把东周尺的长度与新莽时期的尺的长度 23.08 厘米相近。

二、三晋云山皆北向，二陵风雨自东来——韩、魏、赵的度量衡

战国时期，虽然每一个诸侯国的度量衡器物名称、度量衡标准量值都起源于周，但有所差异。以容量单位为例，战国末期的各个诸侯国都普遍使用升、斗等单位，但魏国仍用“溢”。即使有时名称相同，但实际单位数值也不尽相同。战国时期，各个诸侯国的质量单位都是由寽、冢、匀、釿、镒向铢、两、斤、钧、石制演变而来的。

(一) 魏国的度量衡

魏国的容量单位有斗、溢等。溢可能与升类似，溢是斗的下一级单位。一溢可能为 225 毫升，一镒折合 306 克。魏国的质量单位有“镒、釿”“釿当寽”，“釿”字后来演变成“斤”字。1979 年，陕西武功出土的信安君铜鼎：二益六釿为 783.3 克，九益为 2 842.5 克。平安君铜鼎：五益六釿半釿四分釿，重 1 980 克。

(二) 韩国的度量衡

一手握着宜阳铁矿，一手掌控先进冶铁技术的韩国可以说是天下的兵工厂。

战国著名的谋略家苏秦说过："韩地方九百余里，带甲数十万，天下之强弓、劲弩、利剑皆从韩出。"据史料可知，当时韩弩最大的射程达到了600步，而宋代的"神臂弩"也才达到这个射程，远超当时以强弩著称的秦国。当时韩国的容器的计量单位有斗、溢(升)。每益约168毫升。韩国的质量单位有"益"。

（三）赵国的度量衡

赵国在三家分晋中是比较靠北部的国家，所以它既有中原文化，又受北方文化的影响。骑射胡服捍北疆，英雄无愧武灵王——赵雍。赵雍即位时，赵国国力不强，时常受到各诸侯国的欺负。赵武灵王推行"胡服骑射"，改革军事装备和作战方法，赵国因而国势大盛，成为战国七雄之一。赵国在战国后期的容量单位有"斗、升"，每升175毫升。质量单位有"石、斤、两、铢"，1斤＝16两＝24铢，1斤＝251克。

（四）三晋的度量衡

溢是韩、魏、赵都有的铜鼎容量单位，质量单位由寽、冢、匀、钧、镒向铢、两、斤、钧、石制演变。

第二节　度量衡里出政权——齐国的度量衡

一、管仲相齐国，童子犹羞称

春秋战国，群雄逐鹿，百家争鸣，五霸七雄。公元前685年，齐桓公继位，以管仲为相，实施变法，"相地而衰征"，按田地实际征收不等的实物税，为了增加国家的赋税，承认了私田的合法性，废除了井田制，度量衡的应用更为广泛，制度也趋于统一。齐国的田氏在夺取政权后把容量单位制由四进位改为五进位，并制发了标准量器。

（一）齐国的陈氏三量

1857年，山东胶县灵山卫出土的子禾子釜(图3-1)、陈纯釜、左关和，也就是著名的"陈氏三量"，它们反映了齐国度量衡的真实情况。子禾子釜20 460毫升折合1升205毫升；陈纯釜20 580毫升折合1升206毫升；左关和2 070毫升折合1升207毫升。子禾子釜上刻有铭文：左关和的容量以仓廪之釜为标准，左关和以廪升为标准。禁止舞弊，否则处罚。子禾子釜上(田和私量)的铭文记载了计量制度和管理措施。

（二）仓廪实而知礼节

齐桓公利用管仲之谋成就霸业，将度量衡的准确统一作为治国方略。齐国成为手工业和商业发达的地区，经济繁荣，车水马龙。经济的发展离不开凭借度量衡工具进行的公平交易。为了与邻国通商，公平交易，齐国推广了统一的度量衡。度量衡是国家政治经济变革的有力手段。

（三）度量衡里出政权

图 3-1　子禾子釜
（中国国家博物馆藏）

齐国的度量衡成为拉拢民心的工具，成为政治斗争的武器，度量衡里出政权。齐国的掌权世家可分为“姜齐”和“田（陈）齐”，这就是历史上有名的“田氏代齐”。当时度量衡有国家颁布的法定计量“姜齐公量”与大家族“田齐家量”，两者量值是不相同的。“姜齐”时的齐国法定容量单位是升、豆、区、釜、钟，其中 4 升＝1 豆，4 豆＝1 区，4 区＝1 釜，10 釜＝1 钟。

田氏将“田齐家量”标准调整为 4 升＝1 豆、5 豆＝1 区，5 区＝1 釜，10 釜＝1 钟。四进位改为五进位，如果按照姜齐公量标准，1 钟＝640 升，而按照田齐家量标准，1 钟＝1 000 升。田氏在贷给百姓粮食的时候用家量，老百姓偿还的时候用公量，即“大斗区釜出、小斗区釜进”，用五进制的家量器借给老百姓，还贷时用四进制的公量，老百姓至少可以少还 20％的借贷。老百姓从田氏贷了 1 钟粮食，到偿还的时候可以少还 360 升。这种情况与高利贷者、剥削者用大斗进、小斗出正相反。在陈氏改制时，为了惠众于民，发放粮食，与公量相竞，它的 1 升有所扩大。

田齐家量先五进制后十进制。陈（田）氏改为 1 豆＝4 升、1 区＝5 豆、1 釜＝5 区、1 钟＝10 釜的陈氏新量。在自己掌握政权后，升、斗、斛十进制形成了，1 升为 205 毫升。自此，齐国量制与相邻国家的量制更趋于一致。这种量制适合扩大的商业往来以及日益加强的各地区经济联系。

“右伯君”铜权（春秋齐 198.4 克）上铸右伯君，西里疸。右伯君是主造官，西里是铸造地点，疸是工匠之名，“右伯君”铜权约为春秋晚期齐国的器物。齐国计重的单位有镒、斤、钧、石等。1 镒＝370 克，齐国的容量 1 升＝206 毫升左右。

二、自古驱民在信诚，一言为重百金轻。今人未可非商鞅，商鞅能令政必行——秦国度量衡

（一）商鞅方升——现存最早的度量衡标准器

秦国地广人稀，位于西陲，国力落后。《史记》记载，商鞅“平斗甬，权衡、丈尺。”商鞅变法是中国度量衡的第一次改革。在彻底废除井田制的同时，进行了度量衡方面的改革，扩大了亩积制，行“平斗甬、权衡、丈、尺”之法，并在公元前 344 年颁发了标准量器——商鞅方升。商鞅颁行的度量衡制为后来秦始皇统一

中国度量衡打下了基础。

土地税是国家赋税之一，西周是六尺为步，百步为亩①；秦改240步为亩，仍是六尺为步，增加了田地的面积单位“顷”，1顷=100亩，把田的面积固定下来。为了在秦国建立统一度量衡制度和度量衡标准，商鞅曾下令制造了一批标准器，并发往了秦国各地，我们称其为商鞅方升，又称商鞅量。

商鞅方升左壁刻：“十八年，齐(率)卿大夫众来聘，冬十二月乙酉，大良造鞅，爰积十六尊(寸)五分尊(寸)壹为升。”铭文中的十八年，即秦孝公十八年(公元前344年)。商鞅监制了标准量器“方升”。商鞅方升是最早的国家级标准量器，标称值1升=16.1立方寸，由此可以推出秦一尺长为23.2厘米。

商鞅方升底部刻：“廿六年，皇帝尽并兼天下诸侯，黔首大安，立号为皇帝，乃诏丞相状、绾，法度量，则不壹，歉疑者，皆明壹之。”

商鞅方升最有价值的地方是虽然这两段政府铭文相隔了123年，但是量器量值变化不大，说明其可能是一件标准器，而不是工作使用的量器，所以量值没有损耗。这种情况也证明秦国统一和推广了度量衡。目前仅中国发现了度量衡标准器。

(二)秦国的度量衡

秦国的一升为200毫升，一尺长23.1厘米。长度单位为“丈、尺、寸、分”。秦国的重量单位有“朱、两、斤、钧、石”，一斤约253克。朱即为“铢”②。1石=4钧，1钧=30斤，1斤=16两，1两=24朱。秦国的容量单位有“合、龠、桶、斗、升”，十进制。桶有时写作“用”和“甬”，汉代以后称为“斛”。合、龠是秦国开始使用的容量单位，流传至汉。

据陕西出土的高奴禾石铜权上的铭文可知，其为战国时期的秦国所制，在秦统一全国后仍继续沿用，并于秦始皇二十六年(公元前221年)和秦二世元年(公元前209年)又两次加刻诏书予以验定，反映了其衡制保持了长期稳定。高奴禾石铜权所刻铭文类似于检定合格印。这也是各诸侯国之间为便于彼此的贸易交往而采取的重要措施。高奴禾石铜权(战国秦)重30 750克，折合1斤256克。

八斤铜权(图3-2)的权身刻有秦始皇二十六年(公元前221年)统一度量衡的诏书，铸有“八斤”字样，重2 053.5克，1斤折合257.925克。秦律规定，每升的允许误差为5%，即1升参考量值为200毫升，200×5%=10，每升为190～

① 百步为亩，古时的土地面积与我们今天直观的想法不同，一百步为亩，可以是宽1步，长100步，也可以是宽10步，长10步，步为方步，其实就是一百方步为亩，就是凑齐100个方块就对了，240步就是240个方步。

② 在战国时期，秦国铸造的环币上有两个特点：1. 在币面上铸有“两”和“朱”，是质量单位；2. 从公元前336年开始，货币集中由国家铸造。

210 毫升的量值是容量合格的。

图 3-2　八斤铜权

（中国国家博物馆藏）

小知识

计量器具的检定，又称测量仪器的检定，简称计量检定或检定，是指查明和确认计量器具是否符合法定要求的活动，包括检查、加标记和/或出具检定证书。

我国计量检定印证的种类包括检定证书、检定结果通知书（检定不合格通知书）、检定合格证、检定合格印［例如，在计量器具上加盖检定合格印（錾印、喷印、钳印、漆封印等］、注销印。最大允许测量误差（简称最大允许误差）是指给定的测量、测量仪器或测量系统由规范或规程所允许的，相对于已知参考量值的测量误差的极限值。

第三节　度量衡文物的保存与手工艺

一、楚国的木衡和铜环权是现存最早、最完整的衡器古物

楚文化渗透于度量衡文化，矿业和漆艺也影响着度量衡工艺。楚国的木衡和铜环权是中国现存最早、最完整的衡器古物。木衡的中间是提纽，两边是铜质小盘，可以放置砝码和被称重的物品，木衡配有一套铜质圆环小砝码，砝码的质量有一定倍数关系。我国现行的《砝码检定规程》（JJG 99—2022）规定，砝码组的序列优先使用的是（1，2，2，5）$\times 10^n$ 千克，n 为自然数。如果需要其他规格的砝码，只能向砝码生产厂家订做，可命名为专用砝码。

我国最早的天平和砝码都出土于战国的墓葬。先秦时期，每个诸侯国都有一套权衡，且各不相同。权衡是中国古代计量质量器具的称谓，今之砝码、秤砣，古统称作“权”，而天平、杆秤，则称作“衡”。

1954年，湖南省长沙市左家公山出土的战国时期楚国的天秤和环权（图3-3)，共有九个青铜环，质量分别为0.6克、1.2克、2.1克、4.6克、8克、15.6克、31.3克、61.8克、125克，相当于当时的一铢、二铢、三铢、六铢、十二铢、一两、二两、四两、八两，1斤折合250克。

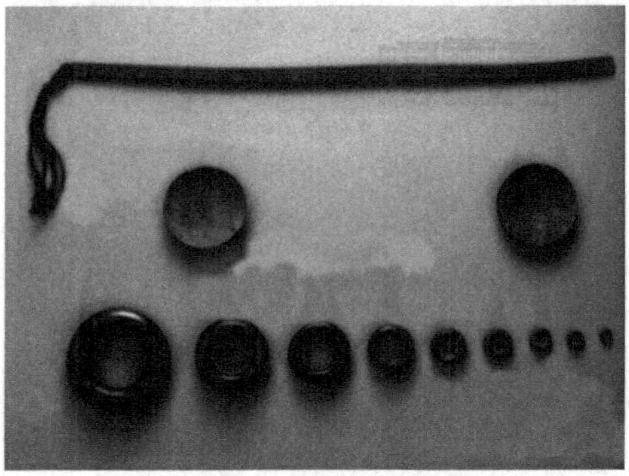

图3-3 天秤和环权

（中国国家博物馆藏）

“衡权者，衡，平也，权，重也。衡所以任权而均物，平轻重也。”权的重量单位有铢、两、斤。称重时，木衡两边权和被称物平衡，就可以据权重读出物品的重量。据出土文物考证，楚国1斤为250～266克，1铢为0.69克左右，1两为15.5克左右，1斤为16两[①]，1两约为24铢。

二、“秤”也作“称”

我国古代没有把天平和秤分开。宋代，天平的砝码、杆秤的秤砣被称作“权”，而天平和杆秤也可以称为“称”。秤最早是绳纽式，后来才有刀纽式。

1976年安徽凤台出土的战国楚“郢大府铜量”容量为1 110毫升，1升为222毫升。1957年安徽淮南市出土的“王铜量”容量为1 125毫升，1升为225毫升。

暂时没有发现关于楚国的容量单位的记载，但据其他出土文物计算，1升折合毫升，约为226毫升。在新中国成立前，安徽寿县出土的楚铜尺长22.5厘米，长沙出土的楚铜尺长22.7厘米、22厘米。计量单位是尺、寸、分。

安徽寿县是战国晚期楚国的都城，当时名叫“寿春”。“王”青铜衡(图3-4)是

① 半斤八两旧制一斤等于十六两，半斤等于八两，比喻彼此一样，不相上下。

在寿县出土的，可能曾被楚王使用。“王”青铜衡中间有一个圆形孔，长度相当于战国时期的一尺。两件“王”青铜衡下面均刻线，十等分。其中在一件“王”青铜衡的中间，两寸处有一个寸刻线，其余每半寸刻一线，一件长 23.1 厘米，一件长 23.15 厘米。

图 3-4　“王”青铜衡
（中国国家博物馆藏）

三、越国的度量衡

楚国盛产青铜器，在广州南越王墓及广东省内的古墓出土了楚镜等一系列楚器。图 3-5 为融合了中原形式与楚式纹饰的错银青铜罍。

越王墓出土的质量为 28 斤、容量为六斗的大半斗铜鼎实测 6 275 克、12 300 毫升，折合 1 斤＝240.18 克，1 升＝184.52 毫升；质量为 16 斤、容量为三斗的大半斗铜鼎实测 4 025 克、7 000 毫升，折合 1 斤＝251.56 克，1 升＝190.94 毫升；容量为三斗的铜鼎实测 5 715 毫升，折合 1 升＝190.50 毫升；容量为一斗一升的铜鼎实测 2 200 毫升，折合 1 升＝200 毫升；容量为一斗的大半铜鼎实测 3 300 毫升，折合 1 升＝198.10 毫升；质量为 1 斤 9 两（盖）、容量为一斗一升的铜鼎实测 350 克、2 600 毫升，折合 1 斤＝224 克，1 升＝236.36 毫升。

图 3-5　错银青铜罍
（广东省博物馆藏）

《广东通史》记载，秦汉时期，越国采用的度量衡和中原地区基本一致，在“度”长度方面，在罗泊湾 1 号出土的木尺长为 23 厘米，十进制，以寸、尺、丈为单位，折合 1 尺＝23 厘米。在“量”容量方面，罗泊湾 1 号出土了 3 件刻有容量值的铜鼎。其中 1 件二斗二升的铜鼎实测容量为 4 200 毫升，折合 1 升＝190.91 毫升。1 件容量为二斗少半(少半是 1/3 的意思)的铜鼎实测为 4 060 毫升,每升折合 193.6 毫升。1 件容量为一斗九升的铜鼎实测为 4 000 毫升,折合 1 升=210.5 毫升,容量与秦汉一样,以升斗为递进单位,十进制,每升为 190.91~210.5 毫升,与汉制 199 毫升差别不大。"衡"在质量方面,罗泊湾 1 号出土了刻有"石、斤"的木简等。据出土的铜器及所刻的铭文考证,1 斤可折合为 256.25~268.1 克。质量单位有两、斤、石(16 两为 1 斤、120 斤为 1 石),与秦汉的度量衡完全一致。

第四节　国家政权掌握者与度量衡

一、秦王扫六合,虎视何雄哉——中国度量衡的第一次统一

(一)秦始皇:计量史上的"大牛"

春秋战国时期,诸侯割据,群雄逐鹿,各自为政,每个诸侯国都有自己的度量衡和文字。秦始皇统一六国后,颁布的许多法令。由于度量衡的混乱不利于赋税的收取,商鞅变法时就努力统一度量衡,秦始皇在统一全国后就颁布法令,统一度量衡。秦始皇以诏书的形式命令全国统一度量衡。秦朝铜量上的诏文写道:"廿六年,皇帝尽并兼天下诸侯,黔首大安,立号为皇帝,乃诏丞相状、绾,法度量,则不壹,歉疑者,皆明壹之。"

(二)度量衡的完备

计重单位在秦始皇统一度量衡时完成了由寽、冢、匀、釿、镒向铢、两、斤、钧、石制的演变,且向斤、两制完备的过程。

秦始皇、秦二世双诏版(图 3-6)是秦始皇命令丞相隗状、王绾统一度量衡时颁布的诏书。由于战事频发,来不及颁布新的度量衡标准,秦始皇在统一度量衡时仍采用由商鞅所制定的度量衡标准量值。他在秦国原来使用的度量衡标准器上加了一道诏书,以示确认,秦二世又在秦始皇的度量衡标准器诏书上加刻诏书,这就是双诏的来由。

秦朝颁发了大批度量衡标准器。以丈尺、升斗、斤两制为基本计量单位制,秦朝统一长度单位为丈、尺、寸、分,容量单位为斛、斗、升,重量单位为石、钧、斤、两、铢。

为了便于国家征收粮帛,物资及土木工程的计算,秦始皇决定把秦国的度量衡标准作为全国统一的度量衡度。图 3-7 为铜量,其外壁均刻有秦始皇统一度量衡的 40 字诏书。秦朝铜量均为秦始皇统一量器的标准器具。

秦始皇统一度量衡其实是在一定的基础上发展起来的。虽然各国度量衡混乱,但有相似之处,度量衡量值接近且可以换算,所以只有承前没有启后。

图 3-6　秦始皇、秦二世双诏版

（中国国家博物馆藏）

图 3-7　铜量

（中国国家博物馆藏）

（三）历史的记忆

秦始皇使用了近百万劳动力修筑长城，没有任何机械，没有先进的仪器设备，工作环境又是崇山峻岭、峭壁深壑，因此万里长城的修建需要计算精密与量值统一的度量衡器具。

秦国度量衡数值包括衡[质量（斤）]，秦国每斤合 253 克，现在每斤 500 克；度[长度（尺）]，秦国每尺合 23.1 厘米，现在每尺 33.3 厘米；量[容量（升）]，秦国每升合 202 毫升，现在每升 1 000 毫升。“仲秋之月，一度量，平权衡，正钧石，齐斗甬。”一年一次对度量衡器具进行检查，并每年定时对使用中的度量衡器具执行检查的制度。战国时期，中国的度量衡体系已经形成。

二、成哀平帝后，王莽乃为君——汉新度量衡

铜斛(图 3-8)于中国国家博物馆藏，铜斛上刻有 81 字铭文，记载了王莽在全国范围内颁布度量衡标准器的史实。

西汉度量衡制度规定由内官廷尉掌管长度、太仓大司农掌管容量、大行鸿胪掌管衡器。汉平帝时，命刘歆同律度量衡。西汉末年，刘歆等百余人总结历代度量衡制度，整理写成《审度》《嘉量》《权衡》三篇，合称“度量衡”，后来被收入《汉书·律历志》。

图 3-8　铜斛

(中国国家博物馆藏)

(一) 汉代度量衡的发展

《汉书·律历志》记载：“五声之本，生于黄钟之律”。声无形而乐有器。黄钟律是十二律中律长最长的，宫是五音最低的。如果黄钟律管的口径是固定的，长度也是一定的，一旦长度发生变化，声音、音调就会改变。因此音高的黄钟律管形态应以实物形式固定下来。管子的口径固定，长度越长，声音越低，音律就被作为测量源头。这个测量原理与 20 世纪采用光波波长作为“米”的基准有些相似。

《汉书·律历志》规定了长度单位为分、寸、尺、丈、引。长度本来起源于黄钟，即黄钟律管的长度定为王莽新朝尺长度的 90 分(9 寸)，加 10 分(1 寸)即为 1 尺，且用累黍法与律管长度相校正，黄钟律管的管长取选中的黍 90 粒，黍的广度是 90 分，与黄钟律管的长度相等。一个单位就是 1 分，1 寸＝10 分，1 尺＝10 寸，1 丈＝10 尺，1 引＝10 丈。分、寸、尺、丈的标准器用铜[①]作材料，引的标准器

① 《汉书·律历志》记载：凡律度时衡者用铜。铜为物之至精，不为燥湿寒暑变其节，不为风雨暴露改其形。

用竹子来制作。

用 1 200 颗黍来装满黄钟，管子容黍 1 200 粒是 1 龠，1 合＝2 龠，1 升＝10 合，1 斗＝10 升，1 斛＝10 斗。用井水来量取“龠”容量，与 1 200 粒黍的位置水平。称量物体的单位有铢、两、斤、钧、石，黄钟律管正好装满 1 200 粒黍子，质量是 12 铢，1 两＝24 铢，1 斤＝16 两，1 钧＝30 斤，1 石＝4 钧。其器具用铜、铁制作。

黄钟律管的长度被定义为尺的长度。不论黍①是横排、斜排，还是竖排都是为了取 90 粒，以符合黄钟律管的长度。1 龠正好装下 1 200 颗黍子，而不是 1 200 颗黍子决定一龠的容量。水是井水，1 龠井水重 12 铢，这才是黄钟律管在量值传递中的意义，所以黍的广度是 90 分。

黍子是一种耐干旱的作物，它的外表坚硬、不易损坏。它的品种很多，大小也有差异。刘歆下令把各地的黍子都集中起来，又把它们分成大、中、小三等，分别排列，测量它们的长度、体积和质量，最后得到了理想的结果。《隋书 · 律历志》记载：“今以上党羊头山黍，依《汉书 · 律历志》度之。”

两是黄钟律管 2 倍的质量，即 24 铢形成 1 两，是二十四节气的表现。斤是明的意思，共有 384 铢，是《周易》两篇的爻数，是阴阳变化的表现。16 两形成 1 斤，表示用四个季节乘以四方。钧是平均的意思，阳气施放，阴气转化万物，都能得到平均的结果。秤锤与物体质量均平，质量就有 11 520 铢，正好是万物的表示。480 两是六旬行八节的象征。30 斤形成 1 钧，是一个月的表示。石是大的意思，是质量最大的单位。四钧形成一石，表明一年有四季，重 120 斤，表明一年有 12 个月，1 920 两是阴阳的数字，384 爻表示五行，406 080 铢表示 101 520 物经过四时的表示。这样五权制也就严格了。

两汉出土的尺为考证汉代的长度提供了重要依据。1975 年广州先烈路出土的东汉菱形纹铜尺长为 20.4 厘米，1 尺合 22.94 厘米，收藏于广州市博物馆。彩绘骨尺、鎏金铜尺(东汉)(图 3-9)的长度分别为 22.9 厘米、23.6 厘米。

汉尺以黄钟律管的长度为基准，定值为 9 寸，以 9 方分为其面幂，长度、容积和重量的相互关系被确定，这就是同律度、量、衡。西汉的 1 尺长为 23.08 厘米，东汉尺的长度稍增，两汉尺的长度变化不大。

汉代时期，长度、容量单位量值几乎均沿用秦制。因为度量衡制度从周代至春秋战国一直没有统一，只有百家争鸣，各诸侯国都有自己的度量衡制度。而秦

① 汉代的 1 尺长为 23.1 厘米已沿袭了 1 000 多年，黄钟律管之长也绝非刘歆等能随意改变的。度量衡必须借助与其他物质进行比较，其量值才能复现并传递。在刘歆之前，有人采用人的头发、马尾、粟、大麦、人体等定尺，准确度不高、重复性不好、可操作性也不强，有的也无法与汉尺相吻合。究竟用什么物质既能复现一尺之长，又能与黄钟律管的长度、容积和质量三者中的某一个单位量相合呢？刘歆等委派了许多人四处寻找能达到上述条件的物质，进行实验，最后终于找到常食用的谷物——黍。

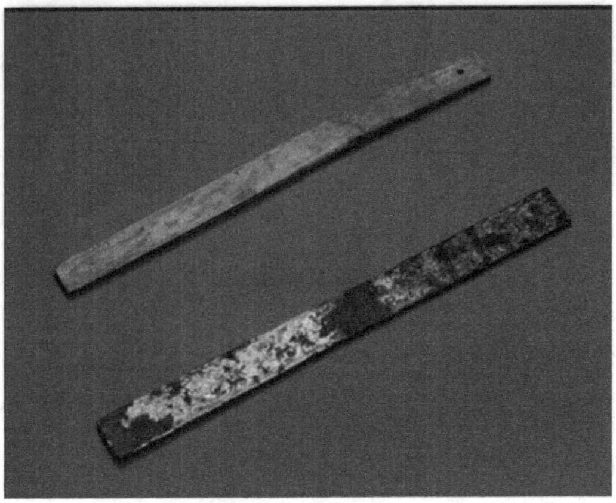

图 3-9　彩绘骨尺、鎏金铜尺(东汉)

(中国国家博物馆藏)

孝公时,商鞅变法的平斗桶、权衡、丈尺,废井田,载阡陌,富者田连阡陌。秦始皇得天下后,统一度量衡。汉代的度量衡以黄钟律管为本,度量衡的单位制也没有出现新的名称,尺、寸、升等名字自古就有,所以说汉承秦制。度量衡量值没有出现实质性的变化,只有重量单位有所下降。

(二)新嘉量的创建

西汉末年,王莽令人制作了一批度量衡标准器,其中最有名的是嘉量且流传于世,史称"新嘉量"(图 3-10)。容量有五个主要单位"龠、合、升、斗、斛"。王莽之后,后世所采用的度量衡标准以王莽颁布的度量衡为标准,汉承秦制,新朝承汉制,后汉承新朝,汉朝以后,中国的度量衡停滞了,没有再创新。

图 3-10　新嘉量

(台北博物馆藏)

小知识

什么是割圆术？刘徽在《九章算术注》中写道：在单位圆（半径为 1 尺）内作内接正六边形，然后倍增边数，依次求出圆内接正 12 边形，正 24 边形，直至正 192 边形的面积。

虽然数学看起来与度量衡没什么关系，但计算容积需要用它。在新嘉量设计时，刘歆采用“割圆术”计算圆周率，得出 3.141024，为圆周率的近似值。祖冲之重新计算了律嘉量斛，用“祖率”校正了数值，计算出斛底面积为 161.999 9 平方寸，与 162 平方寸很接近。在祖冲之之后，人们制造量器时就采用了祖冲之的“祖率”数值。在这之前，周礼嘉量用“庣旁之制”[①]求圆。

（三）新嘉量

新嘉量[②]是历代度量衡标准器的饼模。新嘉量的中间是一大圆柱，近下端有底，圆柱上半截为斛量，斛深一尺；下半截为斗量，斗深一寸；左边耳朵为升量；右边耳朵中间有底，上半部分为合量，下半截为龠量。新嘉量量值可溯源至黄钟律管。新嘉量看似简单，其中每一部分容量都刻有详细的铭文解说，即直径、深度、底面积和容量。5 个容量单位成倍数关系：1 合＝2 龠，1 升＝10 合，1 斗＝10 升，1 斛＝10 斗。新嘉量上刻有王莽诏书，诏书文字体是悬针体小篆。新嘉量也是现存最早的复合标准器，五种单位并存。

历代名人和史书给新嘉量取了很多名字，新铜嘉量又称为“王莽铜斛、刘歆铜斛、东汉嘉量、王莽铜量”。据新嘉量测量可推算：1 尺＝23.08 厘米，1 升＝200.6 毫升，1 斤＝226.6 克。

（四）王莽时期度量衡的特点

在王莽掌权时期，度量衡的特点是复古。古代的权的形状多种多样。例如，春秋战国的权、“右伯君”铜权（齐）为鼻纽式。秦至西汉的权多为鼻纽式，王莽时期又改为环状，新嘉量也参照了周礼嘉量，环状是参照了战国楚铜环权的形状，故《汉书·律历志》记载：“五权之制，圆而环之”。

广州市郊出土了六枚东汉铜权，其分别重 2.45 克、4.4 克、12.2 克、25.4 克、40.3 克、101.8 克，收藏于广州市博物馆，形状为环形。铜环权（汉朝）（图 3-11）刻有“律石权，重四钧”等字样，重为 29.95 千克，1 斤折合 249.6 克。

《淮南子·时则训》记载：“仲春之月，招摇指卯，昏弧中，旦建星中。……令官市同度量，钧衡石，角斗（称）[桶]，端权概”。与汉代以前的度量衡不同，汉代

① 庣旁是指从正方形角顶到外圆的一段距离。

② 在新嘉量中，龠实测为 10.65 毫升，合为 21.13 毫升，升为 191.83 毫升，斗为 2 012.5 毫升，斛为 20 097.5 毫升。

图 3-11 铜环权
（中国国家博物馆藏）

新增了一个长度单位“引”，以竹为引。秦汉以后，土地面积单位有顷、亩。周朝时，步百为亩，商鞅变法时 240 步为亩，汉时以 360 步为亩。

第五节 政权不统一 度量衡也混乱

一、滚滚长江东逝水，浪花淘尽英雄……古今多少事，都付笑谈中——三国两晋时的度量衡

三国度量衡沿袭东汉量值，度量衡制度沿袭秦汉。

（一）荀勖律尺

西晋的荀勖律尺在我国度量衡史上留下了浓重的一笔。晋武帝时，荀勖考证古乐律。荀勖凭借自己丰富的乐律知识和灵敏的听力发现当时宫廷的太乐八音不和。其原因是后汉至魏的尺的长度在演变过程中长了 4 分多，尺的长度增长了，律管也随着增长，造成乐律失准。于是他据黄种律管的“宫商克谐”考证了各种古器并相互校验，参考汉朝时的度量衡，终于制定了一把古尺，这把古尺被称为荀勖律尺。根据该尺的长度重新定义律管长度，太乐之声得到校准。

西晋对中国度量衡的最大贡献是律尺从西晋晋武帝之后就从日常用尺中分离出来，专门用于调音，与日常用尺走上了不同的发展道路。

后来，有人发现玉律和钟声与荀勖调整后的黄钟宫声相符，且又发现了一把比荀勖律尺长 4 分半（24.02 厘米）的古尺，晋代荀勖律尺的 1 尺等于 23.1 厘米。可见，律与尺相互校验是可行的，荀勖律尺的正确性得到了证实。

（二）古尺的命名和分类

古时的尺有以用途来命名的，如名为车工尺；有以发明者来命名的，例如，魏

武时期的杜夔尺。官民日常用尺沿用魏武时的杜夔尺，长约为 24.2 厘米。西晋的尺分为乐律尺和日常用尺，其中乐律尺，即荀勖律尺，长为 23.1 厘米，荀勖律尺长度与新莽时期的尺的长度相同。三国两晋的度量衡量值可估算：1 尺（日常尺）＝24.2 厘米，1 斤＝220 克，1 升＝200 毫升。

二、敕勒川，阴山下。天似穹庐，笼盖四野——南北朝时的度量衡

（一）南人适北、视升为斗

西晋，皇帝把度量衡标准器带到了南方。在度量衡方面，虽然南朝朝代更新、风云变幻，但其都是上层的地主阶级、文人墨客在争斗，文化的传承没有变，度量衡稳步前进，几个朝代都沿用上一代“晋制”。北朝时期，由于少数游牧民族进入中原，从掠夺战利品到统治阶层，度量衡成为统治阶级的一种敛财工具，民间有大斗进，小斗出的现象，这一怪现象可以追溯到南北朝时期。历史上曾出现了“南人适北、视升为斗”的度量衡混乱。南北朝没有出现新的度量衡单位，只有量值大小的变化。南朝有两种尺：日常用尺和天文乐律用尺。日常用尺的长度为 24.3～24.7 厘米，天文乐律用尺为 23.3～23.67 厘米。南朝的容量没有增长，还是沿袭上一个朝代的数值。南朝的日常用尺的 1 尺＝24.7 厘米，1 斤＝200 克，1 升＝220 毫升。《隋书・律历志》记载：“梁陈依古，齐以古升五升为一斗。”“梁陈依古，齐以古称一斤八两为一斤。周玉称四两，当古称四两半。”

北朝的尺的长度多有变化，不断增长，规格繁乱复杂。北朝的尺分为日常用尺与天文乐律尺。北朝的日常用尺的长度不断增长，前期长为 25.6 厘米，后期长为 30 厘米。北朝的容量值不断增大。当北朝灭亡时，北朝的容量量值是晋朝的容量值的 3 倍，3 升为 1 升，度量衡成了剥削农民的工具。南北朝时曾执行大亩制，360 方步为 1 亩。北朝的日常用尺的 1 尺＝25.6～30 厘米，1 斤＝330 克（北朝前期），1 升＝330 毫升（北朝前期）；1 斤＝660 克（北朝后期），1 升＝600 毫升（北朝后期）。[①] 图 3-13 为青铜尺（北魏）的长为 30.9 厘米，正面刻 10 寸，每寸格内线刻山峦、屋宇等，为北魏绘画风格。青铜尺为日常用尺。

（二）度量衡的政治作用

度量衡是国家正常运行的保障，是诚信的保障，是国之根本。度量衡的尺寸增长与当时的税收分不开。魏晋及北朝收取绢为赋税，这就涉及度量衡的长度单位。因为长度单位有“布手知尺”这个度量衡器具，百姓可以比较，所以长度没有成倍增加，而老百姓没有容量和质量标准可以参考，所以容量、质量单位增长以倍计。

---

① 北朝量衡分为大小制，北魏、东魏、西魏、北齐时，小制：1 升＝200 毫升、1 斤＝220 克，大制：1 升＝400 毫升，1 斤＝440 克，北周时，小制复杂，大制：1 升＝600 毫升，1 斤＝660 克，为隋、唐量衡大制沿袭。

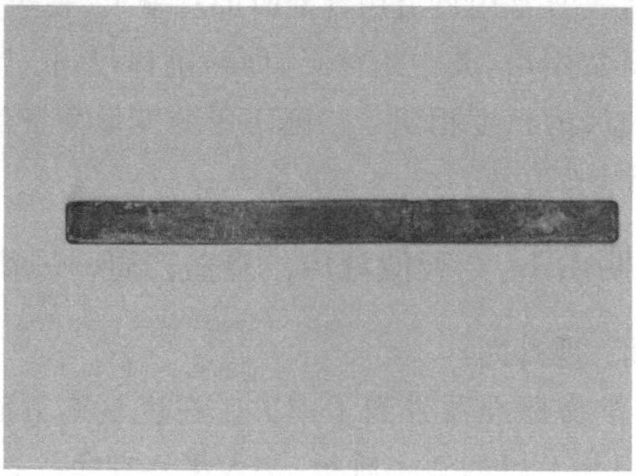

图 3-12 青铜尺

（中国国家博物馆藏）

为了多向国家缴纳赋税以获得政绩，也为了增加自己的俸禄，北魏官员收取赋时采用大斗、长尺、重称。北魏的1尺长为31厘米。南北朝时，度量衡变化太大，其中北朝1斤为600克已超越现在1斤为500克的算法。

第六节 国家安定统一 度量衡得到统一

一、尽道隋亡为此河，至今千里赖通波。若无水殿龙舟事，共禹论功不较多——中国第二次度量衡统一

在度量衡史上，秦始皇是第一位统一度量衡制度的皇帝。隋朝又进行了第二次度量衡制度的统一。

（一）隋朝的度量衡大小制

隋朝统一南北后，度量衡值的南北差异很大，北朝的尺的长度为30厘米，相当于南方的1尺2寸，容量和权衡的单位量值是南方的2～3倍。为了适应民情，各方面协调发展，隋朝的度量衡推行"大小制"并行的制度：小制用于皇宫礼乐；大制为日常所用；小制的1尺2寸等于大尺的1尺，小制的3升等于大制的1升，小制的3斤等于大制的1斤。隋唐的量衡大制承北朝。当时南朝沿用东汉的计量方式，每斤约为220克。北朝的计量数据已经达到了每斤600多克。隋朝对"大小制"并行的制度进行了确认，并将其法制化。《隋书·律历志》记载："开皇以古斗三升为一升，古秤三斤为一斤，大业中复古斗称"。

北周的度量衡的尺的长度比南朝有了非常大的提高。隋代继承北周1尺约为29.6厘米的规定，比旧的度量衡要长6.5厘米左右，这就是所谓的大尺。

度量衡是影响国家盛衰兴亡的重要因素。隋朝开创了度量衡大小制：在音

律、天文测量，药物制作，制作礼服等方面，采用秦汉时期的制度（小制）；在其他方面，采用当时的制度（大制）。唐朝用法律将隋朝的大小制并行制度固定下来，之后的年代没有发生较大的变化。

隋代的尺分为律尺和由官方颁定的日常用尺两类。隋文帝时的日常用尺为北朝大尺（开皇官尺），即长为 29.5 厘米。律尺是齐梁陈时期的制作的乐律尺。乐律尺与日常用尺的比例为 1∶1.2，律尺的长为 24.6 厘米；在隋炀帝改用小制后，日常用尺的长为 24.6 厘米，律尺的长 23.6 厘米。

隋代的容量没有古物可以证实其具体数据，只找到一些理论依据。《隋书·律历志》记载，隋文帝以古斗为 1 斗，1 升为 600 毫升，古 3 斤为 1 斤，1 斤为 660 克左右；隋炀帝以后，以古斗为 1 斗，古 1 斤为 1 斤。在隋炀帝时期，1 斤可能是 220 克左右，1 升为 200 毫升。

虽然隋代统治时期短暂，但它的典章在中国历史上起到了承前启后的作用。它综合了十六国与南北朝的精华，典章仍为汉魏之旧，恢复了汉族的政权，对唐宋及明清产生了影响。

（二）隋朝的度量衡数值

关于衡的数值，其为质量（斤）：隋小制的 1 斤为 220 克，隋大制的 1 斤为 660 克，现在的 1 斤为 500 克。

关于度的数值，其为长度（尺）：隋小制的律尺的长为 23.6 厘米；日常用尺的长为 24.6 厘米，现在 1 尺为 33.3 厘米；

隋大制的律尺的长为 24.6 厘米；日常用尺的长为 29.5 厘米，现在的 1 尺为 33.3 厘米。

关于量的数值，其为容量（升）：隋小制的 1 升为 200 毫升，隋大制的 1 升合 600 毫升，现在的 1 升 1 000 毫升。

二、忆昔开元全盛日，小邑犹藏万家室。稻米流脂粟米白，公私仓廪俱丰实——唐朝的度量衡

（一）唐尺——精美绝伦

唐尺制作精美，其中铜尺和镂牙尺的工艺最为有名。拔镂，即雕镂交错。除用线条刻绘人物、花卉、亭宇等轮廓，还浅拔镂其凹入部分，唐尺处处透露奢靡之风。“每年二月二日进镂牙尺”。镂牙尺曾作为礼物赠送给日本。日本奈良正仓院收藏了日本孝谦天皇的皇太后献给东大寺的 6 把不同颜色的镂牙尺[①]。

唐尺的质地共有铜、木、牙、铁，它装饰的手法有雕花、镂刻、错银，纹样有人

① 唐朝对日本的法律和度量衡都产生了深远的影响。日本的度量衡以中国的度量衡为范本，日本的小尺等于唐小尺，约为 1 尺，日本的大尺等于唐大尺，约为 1.2 尺，日本的度量衡与唐朝类似的地方数不胜数。

物、花卉等。图 3-13 为龙纹铜尺。该铜尺正面分两段：一段刻 5 寸，未刻分；另一段，刻一条龙纹，尺的一端有小孔。

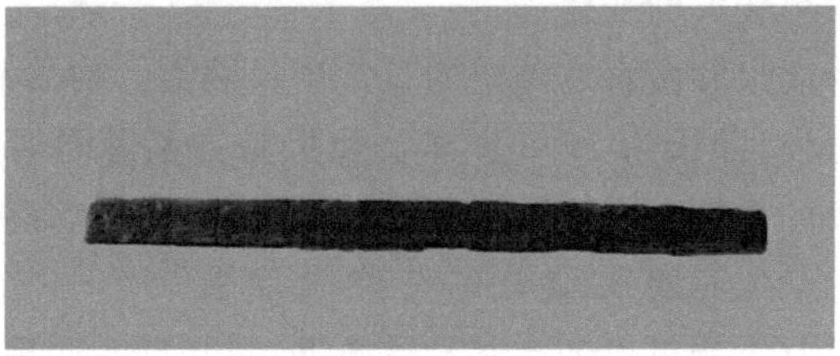

长为 29.71 厘米，1 尺折合 29.71 厘米

图 3-13　1958 年湖北省武汉市唐墓出土的龙纹铜尺

（中国国家博物馆藏）

（二）唐朝初期度量衡的大制小制

在开元盛世时，唐朝的度量衡相对统一和稳定，并制定了严格的法律法规。唐朝沿用隋朝的度量衡制度，量值没有改变。唐朝初期承继隋朝度量衡的大制小制，按尺的长度，它分为大尺与小尺。大尺与小尺的比例是 1.2∶1；大斗是小斗的 3 倍；大两是小两的 3 倍。唐玄宗开元九年（公元 721 年）规定，唐小尺用于调音律和测日影、合汤药及冠冕，唐小尺的长度为 24.5～24.7 厘米；唐大尺即日常用尺（法定尺），其长度没有证实。唐朝有很多 30 厘米左右的尺，所以大尺的长度一般为 29.5 厘米以上。

（三）240 步为亩

由于长度增加了，唐朝就用大尺丈量土地面积与道路里程。古代的尺的长度为 23.1 厘米左右，现在的尺的长度 29.5 厘米以上。唐朝以前，六尺为一步。为了保持土地面积与其他朝代的土地面积一致，唐朝改六尺一步为五尺一步，240 步为亩，百亩为顷。唐朝的土地面积单位为亩、顷。唐朝的容量为 1 合＝2 龠，1 升＝10 合，1 斗＝10 升，3 斗为大斗，10 斗为斛通“石”。唐中期，龠被勺、撮、抄取代，勺、撮、抄为十进制单位，1 抄＝10 撮，1 勺＝10 抄，1 合＝10 勺。《隋书·律历志》记载，开皇以古斗 3 升为 1 升，隋朝的 1 升为 200 毫升，故唐朝的 1 升约为 600 毫升。唐朝的质量单位包括铢、两、斤、钧、石，其中 1 钧＝30 斤，1 石＝4 钧，1 两＝24 铢，1 斤＝16 两，3 两为大两。两宋的质量单位是铢、累，其中 10 累＝1 铢。

（四）新的质量单位——钱

唐朝初期，一个新的质量单位——钱[1]出现了，1 两＝10 钱，但没有列入法

---

① 钱币是文化的象征。秦始皇统一货币，以“半两”钱作为全国统一货币，“半两”钱外圆内方的款式经典。汉武帝狩五年至西汉末年，发行的五铢钱是我国钱币史上使用最长时间的货币。

定计量单位。北宋时期，它完成了 1 两＝10 钱＝100 分＝1 000 厘的质量单位改革。唐朝的每两定为 37.3 克左右。

五铢钱作为以金属质量为币值单位的货币已不适用于商品交换发展的需要。唐武德四年（621 年），唐高祖下令废五铢钱，行开元通宝钱。开元通宝钱质量以“钱”计，每十文重一两，每文的质量称为一钱，至此，中国币制正式脱离以质量为名的铢两体系而改为通宝币制。唐朝还出现了原始的汇票“飞钱”。一千文重六斤四两，十钱为一两的新十进制的度量衡由此产生，二十四进制的铢两体系退出历史舞台。

唐宋时期，衡重的“两、铢、累、黍”非十进制改为“两、钱、分、厘、毫”十进制，宋朝时完成改制。《唐律疏议》记载：“校斛斗秤度，并印署，然后听用。”从唐朝开始，中国开始对检定完成的度量衡器具（斛、斗、秤）打上烙印，唐宋至民国都沿用这一制度。中国现在也有这一制度的遗存，如广州戥秤上打上钢印“23L3”，即戥秤检定合格后的有效期至 2023 年，L3 是广州计量院的代号。唐朝的每年 8 月，校斛斗称度。图 3-14 为鎏银花卉用尺，长 31 厘米。唐朝出土的大多为唐大尺，该铜尺应属唐大尺，与清朝宫造尺的长度 32 厘米相近。

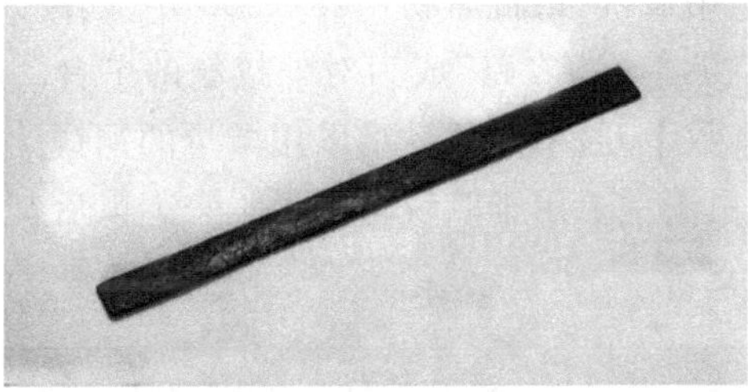

图 3-14　鎏银花卉用尺

（中国国家博物馆藏）

小知识

唐朝，用北方 100 颗适当大小的黍的质量定为 1 铢，1 两＝24 铢，1 斤＝16 两。如果我们一顿吃 2 两饭，就是 48 铢，也就是 4 800 颗米粒，即 2 两 4 800 粒。

第四章
宋、元、明、清——近古时期的度量衡

第一节　度量衡中的历史

一、龙图包公，生平若何？肺肝冰雪，胸次山河——宋朝的度量衡

图 4-1 为戥子（明万历年制）。其有两个称量范围：第一个称量范围 0～5 两，分度值 2 分；第二个称量范围 5～20 两，分度值为 1 钱，1 斤折合 572.8 克。这些都是称金银、药器等贵重物品的专用衡器。

随着丝绸之路的拓展，白银自唐朝（618～906 年）起进入中国货币市场。唐朝包容、接受外来事物，“丝绸之路”成为对外接触的平台。唐末，在广州从事贸易活动的外国人就有数十万，中西贸易难以用微量的铜钱计算，白银走上了历史舞台。自宋朝开始，白银主要用于赋税与俸禄。宋朝以后，白银开始用于政府开支、民间储藏和大额支付。

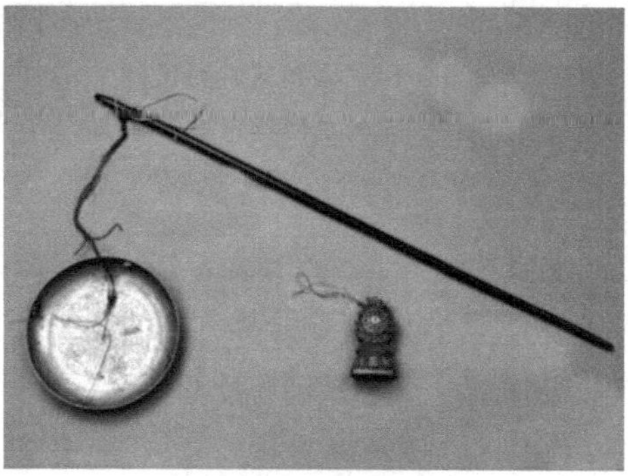

图 4-1　戥子

（中国国家博物馆藏）

（一）戥秤产生的历史背景

南北朝以前的赋税等财政收入以粟来缴纳，计量单位是斛、斗、丈、尺等，所以出现南人适北，视斗为升的怪现象。宋朝，赋税改为用钱（白银）及粮计税，以

质量单位计算。宋朝每年外国进贡的黄金也需要精确到毫厘入库，而当时的秤和砝码的精确度不够。这些社会因素导致质量单位需精确到小数点。于是，质量单位在宋朝完成了“两、铢、累、黍”非十进位制改为“两、钱、分、厘、毫”十进制，“铢、累”这两个质量单位在宋朝以后就不用了。度量衡的发展应跟上社会发展的脚步。

（二）宋朝度量衡的重大改革

对秤的精度做改进的是北宋的刘承珪。公元 992 年，刘承珪受皇命制定称法，发现砝码及秤的精度无法满足需要，小质量无法达到准确统一，官库的银两数目无法核对，于是 1005 年制造了称量“1.5 钱”和“1 两”的两种等子。一两秤采用秦汉古制进位，而非十进制，黍、累、铢、两制，最大称量是 1 两，分度值为 1 累；1 钱斗秤采用改革后的十进制的钱、分、厘毫制，其最大称量为 1.5 钱，分度值为 1 厘。这两种等秤互校就可以得到两、钱、分、厘和铢、累、黍的标称值。刘承珪的等子设计原理采用的是积黍取累法和因度尺求厘法。在刘承珪所设计的等子中，其有两种规格。

规格一：1.5 钱的等子，杆长 1.2 乐尺(29.43 厘米)，杆重 1 钱(4 克)，秤砣重 6 分(2.4 克)，盘重 5 分(2 克)。其有三个绳纽，以扩大称重范围，质量单位有钱、分、厘，即 1 钱＝4 克，1 分＝0.4 克，1 厘＝0.04 克(40 毫克)。第一绳纽的称重范围为 0.5～1.5 钱，分度值 1 厘；第二绳纽的称重范围为 0～1.0 钱，分度值为 1 厘；第三绳纽的称重范围为 0～0.5 钱，分度值为 1 厘。其中质量关系为 1 两＝10 钱＝10 分＝10 厘。

规格二：1 两秤的等子，杆长 1.4 乐尺(34.43 厘米)，杆重 1.5 钱(6 克)，秤铊重 6 钱(24 克)，盘重 4 钱(16 克)。其有三个绳纽，质量单位有两、铢、累。第一绳纽的称重范围为 0～1 两(40 克)，分度值为 5 累(0.85 克)；第二绳纽的称重范围为 0～5 钱(20 克)，分度值为 2 累(0.34 克)；第三绳纽的称重范围为 0～6 铢(3.75 克)，分度值为 1 累(1.7 克)。其中质量关系为 1 两＝24 铢，5 钱＝12 铢，1 两＝24 铢＝240 累＝2 400 黍。

1. 积黍取累法

按《汉书・律历志》中的方法，选一批大小适中的黍，取 10 黍的平均质量定为“累”，10 累为 1 铢，24 铢为 1 两，制成铜砝码在 1 两等秤上校对。

2. 因度尺求厘法

“分、厘、毫”采用十进制，为质量“钱”以下的分数单位名称。刘承珪创制的等子和标准砝码为推行“两”以下的古代计量称重做出了重要贡献。中国的杆秤从唐朝开始有大两秤和小两秤之分，其中小两秤用来称药材。在刘承珪发明了“1.5 钱”和“1 两”的小秤后，其没有被命名，只称为戥秤之制，在这之后有人称它为等子。由于其被用来称珠宝、药材而命名为厘戥，明朝称之为等秤，清朝称之为戥称，所以它的名称有戥称、戥子、等子、厘戥。图 4-2 为北宋的瓷权。

图 4-2　广州西村出土的北宋瓷权
（广东省博物馆藏）

（三）“石”命名为容量单位并建立一个新的容量单位“斛”

宋朝的度量衡制度沿袭旧制唐大制，创新较少。宋朝在容量方面的改革主要是“斛”与“石”。“石”在秦朝时与“斛”已有时通用，但没有正式法规立法。宋朝把质量单位“石”命名为容量单位，建立一个新的容量单位“斛”（1 斛＝5 斗，1 石＝2 斛），同时采用贾似道发明的小口大底斛式。

《宋史・律历志》为中国度量衡史上的第三大史书。据《宋史・律历志》记载可知，宋朝度量衡标准器由太府制造，发给各级政府及民间使用，上面印有年号，年号在每次检定后再重新打印。

图 4-3 为“嘉祐元年”铜则。铜则是管府颁发的标准砝码，“嘉祐元年”铜则于 1056 年造。它高 30 厘米，宽 20 厘米，重 64 千克，“则”是准则之意，称量物品要以此重量为准则。据“嘉祐元年”铜则侧面刻的文字“铜则重壹百斤，黄字号”可知，“嘉祐元年”铜则按北宋的计量单位重 100 斤，用现在的称量工具称出“嘉祐元年”铜则的重为 0.64 千克（640 克），由此北宋的 1 斤相当于现在的 640 克，比我们现在的 1 斤（500 克）重了不少。

宋朝官方公布 1 尺的长度与唐大尺（29.8 厘米）相近。民间同时使用唐朝的大尺、小尺，小尺不在政府管理范围内。唐朝、宋朝、明朝三朝的尺的长度一

图 4-3　1975 年湖南省湘潭县出土的“嘉祐元年”铜则
（中国国家博物馆藏）

致，相差不大。

（四）宋朝的度量衡

1 丈＝10 尺，1 尺＝10 寸，1 寸＝10 分；1 石＝2 斛，1 斛＝5 斗，1 斗＝10 升，1 升＝10 合；1 斤＝16 两，1 两＝10 钱，1 钱＝10 分。宋朝的 1 尺为 31.4 厘米，1 升为 702 毫升，1 斤为 640 克。宋以后的土地面积单位有顷、亩、分、厘、毫。宋朝的度量衡制度及民间度量衡器具都由太府管理。度量衡不是每年检定一次，而是每换一位皇帝就检定一次，并打上烙印。

二、乱点连声杀六更，荧荧庭燎待天明。侍臣已写归降表，臣妾佥名谢道清——元朝的度量衡

（一）元权——打上历史的烙印

为了防止汉人起义，元朝规定百姓十家合用一把菜刀，多余的刀具被没收，无论这一说法是真是伪，铁尺是禁用了。《元史・刑法志》规定：“民间有藏铁尺、铁骨朵，及含刀铁拄杖者，禁之。”这可能就是我们没有发现元朝铁尺类用具的原因。木尺和木量因为材质问题难以留传，所以暂时没有发现元朝的度量器物。元朝沿袭了宋朝的度量衡，但数值有所增大。元朝的容量单位有斛、升、斗等，并通行宋朝开始的 1 石＝2 斛，1 斛＝5 斗制度。《元史》记载，宋一石当元七斗，据

此推算，元朝的 1 升为 1 000 毫升左右，接近现在的数值。

元世祖至元二十年（1283 年），开始颁发宋朝贾似道所设计小口斛使用。元朝的长度单位有丈、尺、寸等。元朝的乐律尺的长为 24.6 厘米。元朝的质量单位有斤、两、钱。元朝的 1 斤折合 640 克左右。

元朝的权衡器有大量的秤砣留世，部分权上刻有“××斤秤，××斤锤”的铭文，据此推断，这些用在杆秤上的元权是游砣，不是砝码。元朝，秤砣的称谓是“锤”。宋朝刘承珪在制造戥秤时已对砣重、杆长、秤的最大称量以及各种秤的分度值都做了详细的规定。元朝的杆秤也开始向该方向发展，“锤”的精度不高，准确度等级一般低于相同质量的砝码。在砝码的等级中，一般排向末位。据《砝码检定规程》（JJG 99—2022），砝码被分为 E_1、E_2、F_1、F_2、M_1、M_{12}、M_2、M_{23}、M_3 九个等级，其准确度等级从高到低。其中 E_1 等级砝码（原工作基准等级砝码）起源于国家基准、副基准。它用于检定传递 E_2 等级砝码、相应的衡量仪器和与相应的衡量仪器配套使用。M_{12}、M_{23} 等级砝码用于检定相应的衡量仪器和与相应的衡量仪器配套使用。“锤”的地位相当于 M_2 等级砝码，其级别靠后，处于量值的最下游。图 4-4 为元朝的八思巴文铁权。

图 4-4　元八思巴文铁权

（广东省博物馆藏）

元朝军事强大，骑兵骁勇善战。元朝凡改年号，必铸铜权。元权上的铭文有汉字、回鹘文、蒙文、八思巴文和波斯文。元权上铸（刻）四种文字，皆由大都路铸造发行。元权上的文字种类繁多，商品流通广，“锤”流通八方。图 4-5 为“大德八年”二斤铜秤砣。

（二）元朝的度量衡制度

元朝注重度量衡的统一，朝廷多次颁布统一度量衡的命令，颁发度量衡器

图 4-5　“大德八年”二斤铜秤砣
（中国国家博物馆藏）

具。“大德八年”二斤铜秤砣(图 4-5),重 1 275 克,1 斤折合 637.5 克。

元朝的中书省下有吏、户、礼、兵、刑、工六部。中书省制定度量衡标准器的样式。工部负责制造成品,然后发放成品。元朝实行省(行省)、路、府、州、县五级行政建置,度量衡器只能由中央将标准器颁发给各路,各路再铸造、使用。如果帝位更迭,年号变更,则重新铸权,打上年号。元朝的度量衡分工清晰,有理有条。元朝的 1 尺为 35 厘米,1 升为 1 003 毫升,1 斤为 640 克。

第二节　度量衡与皇帝

一、永乐满朝人济济，西洋万里水茫茫——明朝的度量衡

（一）度量衡与经济有关

明朝中期以后,随着世界贸易的发展,郑和七下西洋,我国的丝绸、茶叶的对外贸易远大于进口,由此,大量国外白银流入中国。明朝初期的货币是“大明通行宝钞”和铜钱,但不符合当时的国情,后来逐渐被白银代替,白银成为货币主流。中国已有的度量衡器具在明朝种类已基本齐全。明朝的度量衡器具包括长度类:铜尺、木尺;容量类:斛、斗、升;衡器类:称[①]、天平、砝码等。

① 称的名字最早见于《大明会典》,古时的“称”与“秤”相通。砝码古代称为权,权在宋朝后又名为马,《大明会典》称为法子或法马,清朝称为砝码。

明朝关于度量衡管理主要记载在《大明会典》《大明律》等典籍中。明朝的度量衡器起初由中书省颁发式样，由司农司制造标准器发给各行省，再由各府州依样制造，颁发给各州县。在中书省和司农司被取代后，度量衡器由工部铸造，户部颁发。各省、府、州据中央政府颁发的度量衡器式样复制制造。

（二）明朝的度量衡

明朝的律尺长为 25 厘米，官方的法定尺是营造尺，长为 32 厘米。故宫博物院收藏的嘉靖牙尺（正侧面）长为 32.0 厘米。

明朝的土地面积规定，“五尺为步，步二百四十为亩，亩百为顷”。明朝的容量单位有斛、斗、升。1 斛为五斗，1 斗为 10 升，1 升折合 1 001～1 022 厘米^3 等，与今天的 1 000 厘米^3 已经接近了。

图 4-6 为“成化兵子”铜斗。其为 9 600 毫升，折合 1 升为 960 毫升。明朝的质量单位有两、斤。1 两折合 37 克左右，1 斤 16 两，1 斤折合 590 克左右。明朝的 1 尺为 32 厘米，1 升为 1 035 毫升，1 斤为 596.8 克。

图 4-6 “成化兵子”铜斗

（中国国家博物馆藏）

二、六片七片八九片，飞入芦花都不见——清朝的度量衡

清朝大部分的度量衡还是沿袭明朝的旧制度，清朝康熙、乾隆完善了度量衡制度，亲定度量衡标准，“营造尺、漕斛及库平两”。

（一）度量衡与皇帝

1713 年，康熙主持了《律吕正义》的编写，亲自制定了度量衡标准，梅瑴成在《数理精蕴》中列出了“度量衡表”。乾隆在《律吕正义后编》中重新审定了“度量衡表”。康熙和乾隆亲自过问度量衡之事。

康熙以《汉书・律历志》中的理论为基础，设计了几种尺度，其中有横累百黍之尺，为律尺（23.1 厘米）；纵累百黍之尺，为营造尺（32 厘米）。横累黍与纵累黍的排列与我们直观想象的不同，纵累 81 黍＝斜累 90 黍＝横累 100 黍。

（二）斗斛的新样式

康熙发现民间用来称量粮食的斗斛大小不同，款式为上面宽、下面窄。如果斗斛里的粮食稍微超出，或者与斗斛持平，两者之间的称重质量会相差很多，容易称重不准，造成作弊，于是斗斛被改为上窄、下宽的平小口斛式（其实这种款式宋朝贾似道设计过类似的）。康熙四十三年（1704 年）停用旧斗斛（金石金斗关东斗），颁发了新款标准器（上窄、下宽平形状的铁斗铁升）。图 4-7 为木斛，它的容量为 49 583.33 厘米^3。

图 4-7　木斛

（中国国家博物馆藏）

（三）库平与营造

大多清朝质量标准砝码被用于国库收支，所以称之为“库平”。清朝 1 斤折合为 16 两。在《数理精蕴》列出的“度量衡表”中：赤金 1 立方寸重 16 两 8 钱，白银 1 立方寸重 9 两，红铜 1 立方寸重 7 两 5 钱、黑铅 1 立方寸重 9 两 9 钱 3 分，1 斤砝码重 579 克左右。因为金属质地、杂质不同，光绪三十四年（1908 年），以营造尺 1 立方寸纯水量作为库平两（37.305 克）。

中国的铁权（俗称秤砣）一般都有便于系绳的孔，这种款式在中国很多药房的戥秤上可以见到，还在使用中。清朝的容量计量单位有勺、合、升、斗、石、斛等，升为三十一寸六百分（1 035.14 毫升和 1 035.469 毫升之间），其中 1 石＝2 斛＝10 斗＝100 升，且 1 斛＝10 斗，1 斛＝5 斗的两种容器并用。图 4-8 为清秤砣。

（四）定勺、定合

欧阳修在《卖油翁》中写道：“乃取一葫芦置于地，以钱覆其口，徐以杓酌油沥之，自钱孔入而钱不湿。因曰：‘我亦无他，惟手熟尔。’”由于清朝民间量油与酒的增多，所以清朝的度量衡器具增加了定勺、定合二种。清朝的衡器就是杆秤，古代的“称”与“秤”相通，从清朝开始，“称”的名字正式命名为“秤”。清朝的长度

图 4-8　清秤砣

（中国国家博物馆藏）

计量单位有里、步、引、丈、尺、寸、分，厘、毫等。厘、毫是清朝才出现的长度单位，其中 1 引＝10 丈，1 丈＝10 尺＝10 寸＝10 分＝10 厘＝10 毫，1 里＝180 丈，1 步＝5 尺。清朝的土地面积的计量单位有顷、亩、分等，其中 1 顷＝100 亩，1 亩＝240 步，1 分＝24 步。

（五）里步命名为方里、方步

清朝把里步命名为方里、方步，在度量衡制之外为土地面积制定了一项制度，即度量衡与土地面积结合起来写了一部度法，取消土地面积中的里、步的命名，民国四年（1915 年）取消了方丈、方尺、方里、方步。清朝仍用绳、步、弓、尺测量土地面积，即营造尺 1 步＝5 尺，240 步为 1 亩，1 里＝180 丈＝360 弓，1 绳＝42 亩，1 弓＝5 尺，1 亩＝240 弓。清朝的象牙尺（图 4-9）的刻度为 10 寸，每寸刻 10 分。清朝质量的计量单位有斤、两、钱、厘、毫、丝等。其中 1 斤＝16 两，1 两＝10 钱，1 钱＝10 分，1 分＝10 厘，1 厘＝10 丝。古时的 12 铢＝2.5 钱，1 钧＝30 斤，1 石＝4 钧。清朝的度量衡制度为行政上的设施，归户部管，它的计量标准器样式由户部制定后，工部制造法定的计量标准器并颁发。清朝的 1 尺合 32 厘米，1 升为 1 035 毫升，1 斤为 596.8 克。

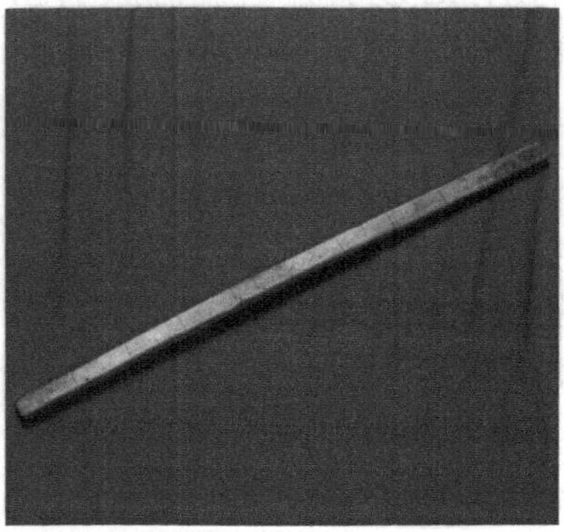

图 4-9　清朝的象牙尺

（中国国家博物馆藏）

第五章
近现代计量

度量衡权是一个国家的主权之一，清末的度量衡已经很混乱，度量衡的主权也已丧失，其典型事例就是海关度量衡。清末法定计量器具营造尺在各地长度不同，非法制计量器具品种繁多，仅尺就有鲁班尺、广尺、布尺等。乾隆二十二年(1757 年)，清政府关闭了其他所有通商口岸，只允许广东对外通商。

道光二十二年(1842 年)七月，《南京条约》后，中国开放广州、福州、宁波、上海通商。咸丰八年(1858 年)，中国被迫与英国、法国、美国分别签订的《通商章程善后条约》规定，以英国、法国、美国的度量衡制度作为中国度量衡制度的标准，以后所有的与它们的外贸交易均按些标准进行，从此，中国的度量衡管理权由其他各国掌握，形成了所谓的海关度量衡，名曰"开平""开尺"。

清咸丰九年(1859 年)，根据《通商章程善后条约》，被迫任用英国人为上海总税务司，中国海关大权由英国人掌握，并以英制单位为标准来管理。在此之前，中国海关发给与中国通商的各国领事馆一套度量衡标准器，以中国的度量衡标准来进行贸易。

海关度量衡的特色是以英制为标准规定中制；以法制为标准规定中制；以德制为标准规定中制，德国、奥地利都使用这个标准；以粤海关——一百两砝码(图 5-1)定为标准制定器具，并将其发给挪威、瑞士等国的各口岸领事处等。从此，对外口岸的税收度量衡标准主权沦落，中国海关税收的度量衡标准已不由中国掌控。光绪三十四年(1908 年)，农工商部及度支部拟定划一度量衡制度及推行章程，划一制度的内容以中国旧时的度量衡为标准。例如，以黄钟律管为源头，不否认营造库平制，同时与万国公制的数值建立联系。后来，农工商部请法国巴黎万国权度公会制造库平两的原器和副原器。"两"原器重 37.3 克，度以尺为主单位，量以升为主单位，衡以两为主单位。1909 年，万国权度公会为中国制定了长度和质量的铂铱合金原器和镍钢合金副原器，校准后附上证书。

1929 年，国民政府工商部宣布采用万国公制，另定市制的度量衡为辅助，并颁布了新的度量衡法，设立度量衡局监督执行。

图 5-1　粤海关——一百两砝码

（广东省博物馆藏）

19 世纪中叶，清朝末期，米制传入中国。在清末的时候，中国的度量衡其实已经失控了，只有度量衡制度，没有数值的统一，执行力度不够，度量衡比较混乱。

小知识

米制公约的来由

1791 年 6 月 16 日，12 位法国科学院院士觐见路易十六，度量衡获得他的批准。法国国王路易十六签署的最后一个法令是度量衡法规。

当时法国的度量衡也相当混乱，法国政府科学院的梅杉和德朗柏发现地球了午线周长经久不变，他们用了 7 年的时间，测量了以巴黎开始自北极至赤道地球子午线四千万分之一的长度作为长度单位，叫米突 metre。

1799 年用铂金制成横截面为 25.3 毫米×4.05 毫米的矩形端面基准米尺，米尺两端面的距离为 1 米，复现误差为 0.2 毫米。

1875 年 5 月 20 日，俄国、法国、德国、美国、意大利等 17 国外交代表在法国巴黎召开的米制外交会议上签署了《米制公约》，公认米制为国际通用单位制，并成立国际计量委员会和国际计量局（亚洲只有日本参加），中国于 1977 年 5 月 20 日参加了该公约。

米(m)、升(L)、千克(kg)是法文单词 metre、litre、kilogramme 的缩写而不是英文 meter、liter、kilogram 的缩写。法国人也曾想以每摆一秒钟钟摆的长度为标准，但钟摆的速度受地心吸引力的影响，所以作罢。

第一节　传统度量衡的易名

一、权度者，整齐工商、孚信上下之根本也——“计量”一词的产生

民国初期，工商部提出废除黄钟律管旧制，采用万国公制。其理由是旧制含有太多不确定的因素，包括数值没有采用十进制，换算不方便；量值传递具有不确定性，黄钟律管只是人为凑数，且受各种因素的影响；历朝历代对尺的长度的定义不同，有把黄钟律管的长度定义为 9 寸、10 寸，还有民间约定俗成的度量衡，五花八门，甚至源头实物无法追溯，黄钟律管的形式无法固定，只有量传的制度被保存，且流传下来。而万国公制的制度和定义只有一个。

（一）权度法

北洋政府于 1915 年 1 月公布的《权度法》宣布，营造尺库由平制变为甲制，由米制变为乙制，乙制为比较标准，甲制为辅制，甲乙制并行。将“长度、容量、重量、地积”四法并列。土地面积独立于度量衡之外，这是中国度量衡制度的特色。

《权度法》的主要内容为权度以万国权度公会所制定的铂铱公尺、公斤原器为标准；权度分为甲、乙两种：甲制长度以营造尺 1 尺为单位，重量以库平 1 两为单位；乙制长度以 1 公尺为单位，重量以 1 公斤为单位。营造尺 1 尺等于公尺原器在摄氏零度时首尾两标点间的 32%，即 32 厘米。

小知识

古时的“度量衡”全名为“度量权衡”或“度量、衡权、权度”。因为量与度同属于有形测量，合名称为“度”；质量测量离不开权，衡与权同属于无形轻重测量，合称为“权”，总名权度，“权然后知轻重，度然后知长短”，故名《权度法》。之后，因为清朝以后容量不属于度，权度没有包括容量，所以改名为《中华民国度量衡法》。

度量衡与人民利益、国家政权的稳定息息相关。民国时期，北伐军每光复一省都将度量衡列入该省政务，度量衡的统一保证了政权稳定。

（二）一、二、三权度市用制

1928 年 7 月 18 日，南京国民政府公布《中华民国权度标准方案》，规定万国公制（即米制）为中华民国权度标准制，在过渡期用“一、二、三权度市用制”，一、二、三权度市用制即 1 米等于 3 市尺，1 升等于 1 市升，1 公斤等于 2 市斤，1 市斤仍等于 16 两。

一、二、三权度市用制与隋朝的度量衡有相似之处。隋朝在南北朝之后，彼时南方用小制，北方用大制，北方度量衡3倍于南方小制。一套新的度量衡制度的推行必须用法律强制推广，也要顺乎民情，万事不能一蹴而就。隋唐实行了大小制通行的度量衡制度才顺利完成了全国度量衡的统一。民国的1尺为33.3厘米，1升为1 000毫升，1斤为500克。

小知识

吴承洛于1930年10月任中国度量衡局局长，他主持制定了一、二、三权度市用制。1933年，吴承洛在《工业中心》中首次提出“计量”这个专用术语。

1911年辛亥革命后，张謇曾任北洋政府农林、工商、农商总长。1901年张謇就曾提出改革度量衡制的主张。张謇指出：“权度者，整齐工商、孚信上下之根本也”“今各国皆有画一之美，而我仍人自为制，家自为俗”。1913年9月，张謇出任工商总长兼农林总长，便将划一度量衡制度提上日程。

1912年，刘揆一主政工商部，制定了完全采用万国度量衡通制的度量衡制度改革方案。这种直接移植“完全西化”的万国度量衡通制并不符合中国实际情况。由于对国内外通行的度量衡制度认识不足，没能将民间使用度量衡的习惯融入改革方案，这项改革就没有得到完全推广和执行。

1915年新度量衡划一方案，在张謇领导下，采用过渡形式改革度量衡制度，保留了清末度量衡划一标准作为“过渡”，创造性地确立“甲、乙并行”方案，新度量衡制度逐步建立。

（三）标准器的发放

1915年3月，在北洋政府颁布度量衡标准方案后，农商部下属权度（度量衡）开始制造标准器。不再制造由黄钟律管衍生的各种尺度系，度量衡单位走向统一——万国公制，即今天的国际单位制。1929年2月16日，国民政府颁布了《中华民国度量衡法》，仍将“长度、容量、重量、地积”四法并列。1930年1月1日为《中华民国度量衡法》施行日期。它的主要内容包括以万国公制为标准制，暂设辅制为市用制；中华民国度量衡原器由工商部保管，原器保存于国民政府及下级政府；副原器每十年检定一次，地方标准器每五年用副原器检定一次；标准器实行检定及使用中检查等。

《中华民国度量衡法》把清朝的1里＝180丈改为1里＝150丈，“步”这个长度单位便消失在历史的舞台。

小知识

1951 年广州市人民政府工商局度量衡检定所接收民国时期保存下来的量器均为 1930 年造，有木升、木斗、铜升量器、锡斗、锡升；接收民国时期保存下来的度器，包括 2 把 1 米铜直尺，三等精度；1 把 2 市尺铜量端器，均为 1930 年造；接收 1 套民国时期保存下来的砝码，50 市两至 5 市厘，四等精度铜砝码，其现保存在广州计量检测技术研究院。

二、度量衡的改制——容量制改为重量制

小时候经常在国有的商店见到纸质的度量衡换算盘及绿色的磅秤，虽然很质朴，但很实用，不识字的老人也能看懂，但年幼的我没想到，度量衡换算盘背后代表的历史意义。图 5-2 为 20 世纪 50 年代广州地区使用的度量衡换算盘。

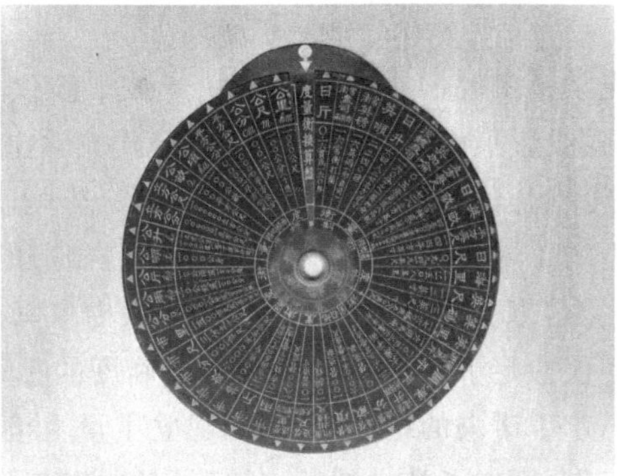

图 5-2　20 世纪 50 年代广州地区使用的度量衡换算盘

新中国成立初期，度量衡制度混乱，既有“新制度量衡”，又有旧杂制及海关尺、英尺、英磅等。在机械制造中由中英制统治；在商业中，公制、市制、司马制、英制同时流行；在缝纫业中则是英制、市制与中国旧杂制同时使用；建筑业用营制尺；手工业用排线尺。

《广东省度量衡管理暂行办法》于 1954 年正式颁布，明确了度量衡制度以国际公制（简称公制）为标准制，以市用制（简称市制）为辅用制。其包括：①衡器的改制，即推行 1 公斤等于 2 市斤，1 市斤为 16 两，废除英制和其他旧杂制。②度制的改革，即一次性过渡到使用国家规定的计量基本制——公制，主要涉及棉纱绸布、缝纫、日用百货，废除了过去的排线尺、九五尺、英尺。③量器的改制，即废除了大米市场的容量单位，粮食交易取消容量制，改为重量制。斗、石、升等计量单位取消，统一使用标准秤（磅秤），单位为“市斤”。

第二节　度量衡的十大分支

一、传统度量衡被取代

由于中国工业不发达，中国古代的度量衡主要倾向于民用和商业。新中国成立后，千疮百孔，百废待兴，计量的工作也主要针对商业计量和民用计量。为了适应国民经济建设的需要，向工业生产和工程建设提供计量保证，同时吸取苏联社会主义建设和抗美援朝的血的教训，1990 年 4 月 5 日中华人民共和国国务院、中华人民共和国中央军事委员会发布并施行了《国防计量监督管理条例》，1953 年中央计量检定所筹备处成立。1953 年以前，中国计量检定工作的项目主要有度量衡管理和尺子、砝码、量器和密度计等日常用度量衡器具的检定。长度、测力和热工计量的检定工作还没有开展，需从国外订购计量标准器具。

向国外订购的光学精密仪器有苏联的量块光波干涉仪、大型工具显微镜和小型工具显微镜、立式投影仪、立式光学测微仪、卧式光学比较仪、表面粗糙度光波干涉仪显微镜、齿轮啮合仪、周节检查仪、阿贝测长仪、电动量仪、标准量块，绝对光波干涉仪和瑞士的 1 米测长机等。图 5-3 为苏联制造的线纹比较仪。

1955 年，中国开展了长度量值传递工作，在苏联专家马尔丁诺夫指导下，用进口的绝对光波干涉仪检定了中国第一副最高准确度的 1 等量块——100 毫米以下的量块组。在马尔丁诺夫的指导下，中国建立了量块检定系统，开展了光学仪器的维护和调整工作，形成了技术规范，长度计量检定工作得到开展。为解决产品的热处理的温度及热处理中的高温控制问题，中国的标准铂铑-铂热电偶生产线建成了。生产的标准铂铑-铂热电高温计经苏联检定达到了二等标准的水平。从此，中国开始开展长度计量和高温计量。

图 5-3　苏联制造的线纹比较仪

（广州计量院收藏）

聂荣臻元帅说："科技要发展，计量须先行。"1960 年年初，计量科学研究被纳入《1962—1972 年的十年科技发展规划》。计量科研领域涉及长度、温度、力学、电学、光学、声学、无线电、时间频率、放射性等九大专业。十大计量工作逐渐展开，传统度量衡被代替，计量随着科学的进步焕发了新的生机。

二、苏联的援助

1956 年 10 月，根据《中苏技术合作协议》，“计量”被列为苏联援助中国的 122 项技术援助项目之一。国家计量局选派的第一批留苏生于 1957 年 12 月 18 日赴苏联，人员包括潘子琦、凌善康、贺锡蘅、罗振之、石质彦、黄国政和蔡正平等，后来又增加了屈金全，共 8 人。其中潘子琦学习质量计量，凌善康学习温度计量，石质彦学习高温计量，贺锡蘅学习化学计量，罗振之学习电磁计量，黄国政学习压力计量，蔡正平学习测力硬度计量，屈金全在基准工厂学习。

计量技术法规包括国家计量检定系统表、计量检定规程和计量技术规范。中国度量衡发展有几千年历史。20 世纪 50 年代初中国还没有检定规程，第一机械工业部计量检定所使用的就是苏联的检定规程。

小知识

十大计量的产生可以概括为“计量与科学”。1790 年瓦特制成和改良了蒸汽机。在蒸汽机的推广和使用中，零部件标准化的问题出现了。工业的发展以及对标准化的需求呼唤着统一计量。美国人最先解决这一事件，将通用部件标准化，再手工装配，标准化需要测量，几何量计量开始发展。蒸汽机将热能转换为动能。在热和功的相互转换研究过程中，产生了热力学，蒸汽压力、热膨胀系数、燃料的燃烧效率、能量的转换的测试产生了力学计量和热工计量。

1821 年托马斯·约翰·塞贝克发现的热电效应为热电偶的产生奠定了理论基础。1881 年美国物理学家迈克尔逊和莫雷合作研制了迈克尔逊干涉仪，为长度计量提供了一种重要方法。普朗克关于能量状态的量子化假说，$E=h\nu$（h 为普朗克常数；ν为频率），爱因斯坦提出的光的波粒二象性成功地解释了光电效应，成为热辐射计量的理论基础，同时计量也从宏观进入微观领域。随着量子力学、核物理学的创立与发展，电离辐射计量逐渐形成。欧姆定律、法拉第电磁感应定律以及麦克斯韦电磁理论等为电磁现象的深入研究和广泛应用、电磁计量和无线电计量的开展，奠定了重要的理论基础。1953 年“计量”一词被确认采用，取代了使用了几千年的“度量衡”，并被赋予更广泛的内容，它包括几何量、力学、热学、电磁学、光学、声学、电子学、时间频率、化学和电离辐射十大计量专业。如今，十大计量又被新的内容取代，增加了医学计量等安防网络。

第三节　计量中的规章制度

一、协时月正日，同律度量衡——关于统一计量制度的命令

统一的计量制度是现代国家政权统一、政令畅通的标志。多种计量制度并存是新中国计量制度未能及时统一的重要原因。百废待兴，当民生、商业、工业计量问题解决后，统一计量水到渠成。

1959 年 6 月 25 日，国务院发布《关于统一计量制度的命令》，确定米制为我国的基本计量制度，全国开展推广米制、改革市制、限制英制和废除旧杂制。其中 1 升 4 摄氏度的水重 1 公斤，10 两为 1 市斤成为法定条文。原来以米制为基础的市制可以保留，市制从原来的 16 两 1 斤改成 10 两 1 斤。但中医处方为了防止差错可以继续使用原有的计量单位，不予改革，少数民族地区逐步改进。

1958 年 2 月，广州市人民政府发布了《广州市量具计器管理暂行办法》，确定了广州市计量单位以国际公制为标准制，以 10 两 1 斤为辅制。

小知识

宋景祐二年(1035 年)，李照研制了“乐秤”，历史上又称为“水秤”。李照乐秤的设计思想为以水的密度为标准，不再以传统的累黍法定重，以 1 合水的质量定为 1 两，1 升水的质量定为 1 斤，1 斗水的质量定为 10 斤，1 斤不再是 16 两制而改为 10 两制。按水的密度为 1 来计算质量，李照水秤 1 斤为 702.2 克，为当时官秤的 11 两。自秦汉以来，中国已确立以 16 两为 1 斤，李照改 10 两为一斤，就可以完成毫、厘、至两、斤十进位的单位制。各种原因导致水秤没有在实际中得到应用。900 多年前，李照提出的设计思想与今天“1 升 4 摄氏度水重 1 公斤，1 斤为 10 两”相符合，李照为度量衡的发展做出了重大贡献。

二、中医处方用药计量单位改革——“两”“钱”“分”被淘汰

英国科技史学家李约瑟把李时珍称为“中国博物学中的无冕之王”，而《本草纲目》则是“世界药物学中最伟大的科学成就之一”。《本草纲目》被达尔文誉为“中国古代的百科全书”。如果查阅《本草纲目》，定能查到一些中药界的度量衡单位。

（一）中药的度量衡方式

虽然中医药物有很多约定俗成的度量衡单位，但它们没有被划入度量衡制

度管理，游离在度量衡标准量值传递之外。如《本草纲目》中的份、字等。古代对一些普通的中药的质量准确度要求不高，一次称重，再分成几份。

东汉张仲景的《金匮要略》中的“上薢麻豆大，每服四钱匕，水盏半，煮八分”，其中钱匕是中药的度量衡单位。

小知识

中药与容量有关的民间约定俗成的度量衡单位包括刀圭、钱匕、方寸匕、一字等。方寸匕作匕正方一寸，以抄散不落为度；钱匕是以汉五铢钱抄，取药末，以不落为度；半钱匕则为抄取一半；一字即以四字铜钱作为工具，药末遮住铜钱上的一个字的量；刀圭即十分之一方寸匕。方寸匕≈2 克（矿物药末）≈1 克（动植物药末）≈2.5 毫升（药液）；1 刀圭≈1/10 方寸匕；1 钱匕≈3/5 方寸匕。

（二）中医处方计量单位的改革

计量工作之一是保证计量单位制的统一，1977 年 4 月 5 日国务院以“国发〔1977〕37 号文”批示，在全国范围内改革中医处方计量单位。当时医院、药店，药厂三种计量制度并存，包括 10 两市制（1 斤＝500 克）及 16 两旧制（1 斤＝500 克）。在改制后，16 两为 1 市斤的归制“两”“钱”“分”被改为市制计量单位“克”“毫克”，其中市制 1 钱＝5 克，归制 1 钱＝3 克，尾数不计。自 1979 年 1 月 1 日起，广州完成了中医处方计量单位改革。图 5-4 为戥秤。

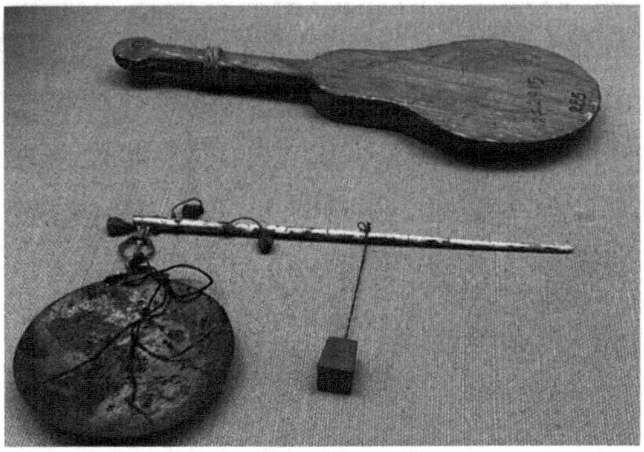

图 5-4　戥秤

（广东省博物馆藏）

三、取信于民　远近齐一

1984 年 2 月 27 日，《关于在我国统一实行法定计量单位的命令》发布，在人民生活中采用的市制计量单位可以延续使用到1990年,1990年年底以前要完成向国家法定计量单位的过渡,农田土地面积计量单位的改革要在调查研究的基础上制定改革方案,另行公布。

中国的法定计量单位(以下简称"法定单位")包括:①国际单位制的基本单位(表5-1);②国际单位制的辅助单位;③国际单位制中具有专门名称的导出单位;④国家选定的非国际单位制单位;⑤由以上单位构成的组合形式的单位;⑥由词头和以上单位所构成的十进倍数和分数单位。

表5-1 国际单位制的基本单位

量的名称	单位名称	单位符号
长度	米	m
质量	千克(公斤)	kg
时间	秒	s
电流	安[培]	A
热力学温度	开[尔文]	K
物质的量	摩[尔]	mol
发光强度	坎[德拉]	cd

《广东省实施〈中华人民共和国计量法〉办法》规定,从事下列活动需要使用计量单位的,应当使用国家法定计量单位:①制发公文、公报、统计报表;②编播广播、电视节目,发布、传输信息;③出版、发行出版物;④制作、发布广告;⑤生产、销售产品,提供服务,标注产品标识,编制产品使用说明书;⑥印制票据、票证、账册;⑦出具证书、报告等技术文件;⑧制作公共服务性标牌、标志;⑨制定标准、技术规范;⑩国家规定应当使用国家法定计量单位的其他活动。

中国计量单位仍未实现全国统一,例如,香港的住房面积为40平方英尺(1平方英尺=0.092 9米^2),黄金以盎司计(1盎司=31.10克)。

小知识

压力表计量单位有公斤力/米(kgf/cm^2),后来统一改成法定计量单位帕斯卡(Pa)。血压计的法定单位是千帕(kPa),多少年来我们经常习惯于用毫米汞柱(mmHg)来表示,这两种单位仍可同时使用[1千帕(kPa)=7.500 616毫米汞柱(mmHg)]。量筒量杯用质量单位g(克)、kg(千克)来表示,后统一改成法定计量单位升(L)、毫升(mL)。我们常说的28自行车是指28英寸自行车,应改为71厘米自行车。中国土地面积计量单位,即"市亩""市分""市厘"等应改为平方公里、公顷、米^2。

四、王者制事立法，物度轨则——计量法的产生

中国古代记录度量衡的名典籍包括《汉书·律历志》《晋书·律历志》《宋书·律历志》《魏书·律历志》《隋书·律历志》以及《宋史·律历志》等。其中《汉书·律历志》《隋书·律历志》《宋史·律历志》被称为中国度量衡之三大正史，唐朝有《唐律疏议》。度量衡是国家法律的一部分。

《中华人民共和国计量法》是1985年9月6日经第六届全国人民代表大会常务委员会第十二次会议通过，自1986年7月1日起正式施行，分别在2009年、2013年、2015年、2017年四次修正，2018年10月26日第十三届全国人民代表大会常务委员会第六次会议第五次修正。

《中华人民共和国计量法》的立法宗旨是加强计量监督管理，保障单位制的统一和量值的准确可靠，从而促进国民经济和科技的发展，为社会主义现代化建设提供计量保证，并保护人民群众的健康、生命、财产的安全，维护消费者利益以及保护国家的利益不受侵犯，其中用于贸易结算、安全防护、医疗卫生、环境监测等方面的计量器具是被列入强制检定目录的工作计量器具。

所谓“而民道之不知其所以然”，明朝著名思想家王阳明在《传习录》中写道：“立志用功如种树然，方其根芽，犹未有干；及其有干，尚未有枝；枝而后叶，叶而后花、实。”在1981年中国提出计量立法的提案时，很多问题都引起了专家的争论。当时苏联也是社会主义国家，于是便去苏联查找，而苏联没立计量法。但苏联有一份俄文的执行强制性国家检定的工作用计量器具目录，这就是《中华人民共和国计量法》中强制检定的来由。

1987年，在《中华人民共和国计量法》实施后，贸易结算并没有关于群众免受短斤少两影响的明确的数据规定。1988年有关专家找到了“日本商品法定允差”的有关资料，于1989年翻译完成。它启迪了1993年《零售商品称重计量监督规定》的发布。

第四节 计量与测量的关系

一、阿基米德皇冠

希腊希洛王给工匠金子，让他为自己打造一顶金制的皇冠。工匠做好金冠后，希洛王想知道自己的皇冠是否为纯金，匠人有没有浑水摸金，却找不到合适的方法。于是希洛王召见阿基米德，希望他能完成这个任务。阿基米德接受任务后，日思夜想。终于有一天，阿基米德在泡澡时发现水从澡盆中溢了出来，他

灵光一现:盆里溢出来的水的体积不就是自己的身体浸入水里的那一部分体积吗?这个方法是不是就可以鉴别皇冠的真伪了呢?于是阿基米德就据此鉴别皇冠是否为纯金。因为金子密度大,在重量相同的情况下,它的体积比较小,掺进了别的金属后,密度减小,体积增大,排出的水就多了。找出测量的方法,建立数学模型,化繁为简,把不可能的直接测量转为间接测量,又为量值的准确可靠提供服务,这就是测量的科学。计量是测量及其应用的科学,是实现单位统一、保证量值准确可靠的活动。

二、曹冲称象

《三国志》记载:“冲少聪察,生五六岁,智意所及,有若成人之智。时孙权曾致巨象,太祖欲知其斤重,访之群下,咸莫能出其理。冲曰:‘置象大船之上,而刻其水痕所至,称物以载之,则校可知矣。’太祖大悦,即施行焉。”

曹冲从小就聪明并善于观察事物。有一次,孙权给曹操送来了一头大象,曹操想知道这头象的实际重量,让他的所有属下拿出方案,但他们都不能说出称象的方法。曹冲说:“把象放到大船上,在水面所达到的船体的地方做上记号,再让船装载其他物品,称一下这些物品有多重,就能知道大象的重量了。”曹操听了非常高兴,马上实施了这个方案,知道了大象的重量。曹冲所用的方法是“替代测量法”,也属于测量的科学。

第六章
生活中的计量

第一节　计量与商品

一、记里鼓车——出租车计价表的前世今生

为了计算车程，古人在轮的适当部位镶一个凸起物，用该物带动击鼓的木槌，每转一周，木槌击鼓一声。通过车轮的周长就可以推算车行走的距离。刘歆在《西京杂记》中写道："汉朝舆驾祠甘泉汾阴，备千乘万骑，太仆执辔，大将军陪乘，名为大驾。司马车驾四，中道。辟恶车驾四，中道。"可见，西汉时期就有了记道车。记里鼓车（图 6-1）由记道车发展而来。它是利用车轮行进时带动齿轮和机械装置完成车行一里击鼓，车行十里击镯的功能。

图 6-1　记里鼓车模型
（中国国家博物馆藏）

出租汽车计价表用于测量出租汽车运营过程中行驶的里程及低速状态的时间，计算并显示乘客乘车应付费用的一种计量器具。

出租汽车计价表实际上是一个计数器，车每行一公里，数字加一，里程进行

累加。其实它的原理类似于记里鼓车,只不过弃机械化为电子化罢了。1987年,广州市内开展对出租车计价表的强制检定。现行检定依据的有效版本是《出租汽车计价器检定规程》(JJG 517—2016),计量单位为公里、时、分、秒。

小知识

轮胎大小对计价器计费有影响吗?答案是“有”。记里鼓车是计算车轮周长的,出租车计价表其实是一个计数器,所以轮胎大小对计价器计费是有影响的。

二、硕鼠硕鼠,无食我黍!三岁贯女,莫我肯顾——杆秤的禁用

广州市政府在1997年1月1日印发了《关于禁止在公众贸易中限制使用杆秤的通告》。早期的杆秤通常是用市斤作单位的,而不是公斤。关于杆秤的发明者有两种说法:一种说法是杆秤是由鲁班发明的。他根据北斗七星和南斗六星在杆秤上刻制13颗星花,定13两为一斤,在秦始皇统一六国后,添加“福禄寿”三星,正好16星,改1斤为16两,并颁布统一度量衡的诏书。另一种说法是杆秤是由范蠡发明的。当时他发现人们交易是用眼估推,很难做到交易公平,便产生了创造一种测定货物质量的工具的想法。受杠杆平衡原理的启发,又根据天上的星宿,他设计出杆秤。后来,他进行改造,根据北斗七星和南斗六星在杆秤上刻制13颗星花,定13两为1斤,因为有些商家缺斤少两,便添加“福禄寿”三星,表明缺一两少福,缺二两少禄,缺三两少寿。1963年《木杆秤检定规程》推广使用刀纽秤,停止制造、修理、销售绳纽秤。计量单位为斤、两、克,标准器为砝码。

《杆秤检定规程》(JJG 17—2016)删除了刀纽与绳纽结合式及绳纽式秤。目前杆秤已被全面禁止使用。中国现有使用的杆秤只剩在药店称重中药材的戥秤,最常见的型号有最大称量500克、250克、50克等。

三、失之毫厘,谬以千里——买卖中的计量

计量与社会生活最平常和最密切的关系是商品交易。菜市场、酒楼、超市、金店、珠宝柜台、邮局、快递都有衡器称重的身影。质量称重的计量单位是千克。

(一)千克(kg)为7个国际基本单位之一

千克(kg)为国际单位制中的质量基本单位。千克(kilogram)起源于法国大革命时期。当时,法国的新政府成立了一个度量制改革委员会,旨在废除腐朽旧政府的度量衡制度,为人们日常生活以及科学研究中常用的物理量建立一个新的国际标准。该度量制改革委员会由众多名望颇高的科学家组成,其中就有著

名化学家——有“现代化学之父”之称的拉瓦锡。

质量(mass)这一单位源于“grave”(源自拉丁文中的“gravitas”一词)。kilogramme 意指“一千个 gramme”,是法语中的“千克”,而英文里的千克一词“kilogram”也正是由此而来。

1791 年,由于水在 4 摄氏度时的密度为最大,千克被定义为 1 升水在 4 摄氏度时的质量。1795 年 4 月 7 日,克在法国被规定为相当于“容量相等于边长为百分之一米的立方体的水与冰熔温度时的绝对重量”。1883 年,法国人用 90%的铂和 10%的铱所组成的铂铱合金,制成了直径和高度都为 39 毫米的圆柱体千克原器,是 1 000 倍的标志器,于 1889 年被国际计量大会承认。千克成为带有国际单词词头的基本单位。

这些金属块的质量还是会因不明原因而流失,再以此根据阿伏伽德罗常数的常规定义,“12 克的碳-12 中所包含的碳原子数量”反过来重新定义千克。千克以符号为 h 的普朗克常数来定义,新的计量定义于 2019 年 5 月 20 日,即世界计量日生效。在新的定义中,千克用普朗克单位定义,即 $m=h\ v/c^2$,式中,h 是普朗克常数;v是频率;c 是光速。

我们在日常生活中经常把质量称为重量,这只是一种习惯。懂得了称重所使用的计量单位,便知道生活中称重“缺斤少两”遵循的是什么规则了。

(二)零售商品中的质量计量

《零售商品称重计量监督管理办法》针对的主要对象是以质量结算的食品(表 6-1)、金银饰品等。当金饰品每件小于 100 克时,负偏差为 0.01 克;当每件银饰品小于 100 克时,负偏差为 0.1 克。饰品称重的质量负偏差以最新发布版本为准(表 6-2)。

表 6-1　食品称重的质量负偏差

食品品种、价格档次	称重范围	负偏差/克
粮食、蔬菜、水果或不高于	$\leqslant 1$	20
6 元/千克的食品	$1<m\leqslant 2$	40
	$2<m\leqslant 4$	80
	$4<m\leqslant 25$	100
肉、蛋、禽*、海(水)产品*、糕点、糖果、调味品或高于 6 元/千克,但不高于 30 元/千克的食品	$m\leqslant 2.5$	5
	$2.5<m\leqslant 10$	10
	$10<m\leqslant 15$	15

续表6-1

食品品种、价格档次	称重范围	负偏差/克
干菜、山(海)珍品或高于30元/千克,但不高于100元/千克的食品	$m \leqslant 1$	2
	$1 < m \leqslant 4$	4
	$4 < m \leqslant 6$	6
高于100元/千克的食品	$m \leqslant 0.5$	1
	$0.5 < m \leqslant 2$	2
	$2 < m \leqslant 5$	3

* 注:活禽、活鱼、水发物除外;m 为质量。

表 6-2　饰品称重的质量负偏差　　克

品类	称重范围	负偏差
金饰品	每件≤100	0.01
银饰品	每件≤100	0.1

金店常用的称重工具是电子天平,天平用标准砝码进行检定。检定必须依据检定规程,据《电子天平检定规程》(JJG 1036—2022),天平按照检定分度值和检定分度数划分成四个准确度级别:特种准确度级(Ⅰ)、高准确度级(Ⅱ)、中准确度级(Ⅲ)、普通准确度级(ⅢⅠ);一台电子天平,$d=1$ 毫克,$e=10$ 毫克,max=210 克,d 是实际显示分度值,e 是检定分度值,实际分度值 d 是指相邻两个示值之差,它表示电子天平的读数能力,检定分度值 e 用于天平的分级和检定,是以质量单位来表示的值。在电子天平中,$d \leqslant e \leqslant 10d$。该天平的最小称量值为 min=$20d$=20 毫克。天平的配套砝码也须经检定合格后才可以使用。我们在购买天平时忽略小数 d,据检定分度值 e 进行购买。我们在购买金饰时大于 e 值的读数为准确读数,小数忽略不计。

常见的用于贸易结算的衡器有电子计价秤、打印标签电子秤、邮政秤、电子台秤,属于强制检定的工作计量器具,主要用于超市、市场、邮局、快递公司。它们应由县级以上政府计量行政部门(市场监督管理局)指定的法定计量检定机构(地方计量所),或者授权的计量技术机构,实行定点、定期检定,合格后才可以使用。检定依据《数字指示秤检定规程》(JJG 539—2016),例如,(ⅢⅠ)电子秤。电子秤的检定方法是标准砝码直接加载在其称重台上,读其示值。

第二节 计量与生活环境

一、标物的前世今生——摩尔的前身

标准物质是化学计量中的“砝码”。砝码用于质量的量值传递，是质量量值的标准。而标准物质的量值浓度与物质的性质有关，是物质性质的标准。

（一）化学计量的历史

化学计量的历史很短，它主要从现代计量学开始，1971 年，第 14 届国际计量大会将物质的量——摩尔列为第 7 个 SI 基本单位。在 20 世纪 60 年代，化学计量主要内容是标准物质。标准物质随着现代工业的出现而发展起来，并最先应用于钢铁工业。最早的标准物质是美国国家标准局在 1906 年研制的钢铁标准物质(4 种铁和 1 种钢)。1911 年，美国又发布了铜、铜矿石等标准物质，标准物质品种累计达到 25 种，之后各国开始了标准物质的研制。1951 年，中国颁布了用于钢铁现场分析的弹簧钢标准物质。在 1971 年前，化学计量没有一个 SI 单位，用“克分子、克原子、克当量”等单位，“克分子、克原子、克当量”是摩尔的前身。

（二）化学计量的核心

化学计量的主要内容之一是研制标物。标准物质是指具有一种或多种足够均匀和很好地确定了的特性，用于校准测量装置、评价测量方法或给材料赋值的一种材料或物质。标准物质有三种基本的形态：气态、液态、固态。物质的量(摩尔)是指化学计量的基本单位。1 摩尔粒子集体所含的粒子数与 0.012 千克^{12}C(碳 12)中所含的碳原子数相同，即 1 摩尔任何物质所包含的结构粒子的数目都等于 0.012 千克^{12}C(碳 12)所包含的原子个数，即 $6.022\,045\times10^{23}$ 个结构粒子。对于某一纯净物来说，它的摩尔质量是固定不变的，而物质的质量则随着物质的量不同而发生变化，例如，1 摩尔碳 12 的质量是 12 g，2 摩尔碳 12 的质量是 24 克。

2018 年 11 月 16 日，第 26 届国际计量大会通过决议，1 摩尔被定义为“精确包含 $6.022\,140\,76\times10^{23}$ 个原子或分子等基本单元的系统的物质的量”，同时，修改了阿伏伽德罗常数为 $6.022\,140\,76\times10^{23}$。

（三）化学计量的应用

标准物质[①]在现实生活中有使用吗？不了解计量的人没有觉察。计量保护

① 一级标准物质代号为“GBW”。二级标准物质代号为“GBW(E)”，E 代表汉语拼音中的 Er，而不是英文的 Error。

人民生命安全——标准气体在可燃气体报警器中的应用。

可燃气体报警器是一种用于检测空气中或作业环境中是否存在遇明火会发生爆炸或燃烧等不安全因素的仪器。当工业环境中可燃或有毒气体泄漏，可燃气体报警器检测到气体浓度达到爆炸或中毒报警器设置的临界点时，可燃气体报警器就会发出报警信号，提醒大家，防止发生爆炸、火灾、中毒事故。可燃气体报警器用来监测气体浓度是否超出限值。

燃气热水器、灶具、排油烟机与可燃气体报警器连接起来使用。当有燃气泄漏时，报警器就会发出声光报警，同时输出电信号。可燃气体报警器种类繁多，可监测多种气体。常见的可燃气体包括氢气(H_2)、甲烷(CH_4)、乙烷(C_2H_6)、丙烷(C_3H_8)、丁烷(C_4H_{10})、乙烯(C_2H_4)、丙烯(C_3H_6)、丁烯(C_4H_8)、乙炔(C_2H_2)、丙炔(C_3H_4)、丁炔(C_4H_6)、磷化氢(PH_3)等。

非矿井作业的可燃气体报警器现行检定方法依据《〈可燃气体检测报警器〉第1号修改单》(JJG 693—2011/XG1—2011)采用仪器所测气体相同种类或据规程选用标准气体对其进行测量，测试其在气体浓度达到下限时是否发出报警。主要参数有报警功能及报警动作值检查、示值误差、重复性、漂移和响应时间等。

小知识

气体的密度一定小于空气吗？对于可燃气体检测报警器来说，当气体密度大于空气时，可燃气体检测报警器应安装在泄漏点的下方；当气体密度小于空气时，可燃气体检测报警器应安装于屋顶下方的位置。

二、不识庐山真面目，只缘云雾漫山中——空气中的计量

“风而雨土曰霾”，飞扬的沙尘雨雾等造成了“霾”。而$PM_{2.5}$是灰霾天气的罪魁祸首。$PM_{2.5}$对大气能见度具有消光能力，造成日照减少。霾的本质是“细粒子污染”，主要来自工业废气、汽车尾气等气体污染物。$PM_{2.5}$是大气中直径小于或等于2.5微米的颗粒物，可以吸入肺。$PM_{2.5}$质量浓度监测仪是指专用于测量空气中$PM_{2.5}$(可入肺颗粒物)数值的专用检测仪器。

$PM_{2.5}$质量浓度监测仪已有成熟现行的校准规范《$PM_{2.5}$质量浓度测量仪校准规范》(JJF 1659—2017)。该规范适用于基于重量分析法、β射线吸收法和微量振荡天平法设计原理的质量浓度测量仪器的校准。测定$PM_{2.5}$质量浓度可以分两步。

第一步，把$PM_{2.5}$从空气中分离。在抽气泵的作用下，空气以一定的流速流过切割器，那些较大的颗粒因为惯性大，一头撞在涂了油的部件上而被截留，绝

大部分惯性较小的 $PM_{2.5}$ 随着空气顺利通过。50%的直径为 2.5 微米的颗粒能通过切割器。按照《〈环境空气 PM_{10} 和 $PM_{2.5}$ 的测定 重量法〉第 1 号修改单》(HJ618—2011/XG1—2018)的要求，3.0 微米以上的颗粒的通过率需小于 16%，而 2.1 微米以下的颗粒的通过率要大于 84%。特殊的结构加上特定的空气流速共同决定了切割器对颗粒物的分离效果。

第二步，测定分离出来的 $PM_{2.5}$ 的质量。①将 $PM_{2.5}$ 直接截留到滤膜上。滤膜并不能把所有的 $PM_{2.5}$ 都收集起来，一些极细小的颗粒能穿过滤膜。滤膜对 0.3 微米以上的颗粒有大于 99%的截留率就是合格的。②β 射线吸收法：将 $PM_{2.5}$ 收集到滤纸上，然后照射一束 β 射线，射线穿过滤纸和颗粒物时由于散射而被衰减，衰减的程度和 $PM_{2.5}$ 的质量成正比。根据射线的衰减就可以计算出 $PM_{2.5}$ 的质量。③微量振荡天平法：一头粗、一头细的空心玻璃管，粗头固定，细头装有滤芯。空气从粗头进，细头出，$PM_{2.5}$ 就被截留在滤芯上。在电场的作用下，细头以一定频率振荡，该频率和细头质量的平方根成反比。于是，根据振荡频率的变化就可以算出收集到的 $PM_{2.5}$ 的质量。被测量包括气体浓度、流量；计量单位为微克/米^3、升/分钟。

三、水为万化之源，土为万物之母——水质监测中的计量

（一）水质监测

水质监测项目可分为两大类：一类是反映水质状况的综合指标，如温度、色度、浊度、pH、电导率、悬浮物、溶解氧、化学需氧量和生化需氧量等；另一类是一些有毒物质，如酚、氰、砷、铅、铬、镉、汞和有机农药等。

理化监测被广泛用于地表水质监测，用监测仪器来获得物理监测指标数据。常用的物理指标监测仪器：①水质色度仪，即测量由溶解状态的物质所产生的颜色。②浊度计，即测量水质浊度。③酸度计，其日常生活中简称为 pH 计，被广泛用于净水，自来水，生活用水及各种液体的酸碱度测试。④水质监测仪，其可测量 pH、电导率、溶解氧、温度、浊度、铝、铁、铜、镉和砷等。⑤测氰仪，其可测量水中氰化物含量。⑥溶氧测定仪，其可测量水中氧含量。

（二）水质色度计量

水质色度是指对天然水或处理后的各种水进行颜色定量测定的指标。天然水经常显示浅黄、浅褐、黄绿等不同颜色。产生颜色的原因是水中含有饮用水的色度溶于水的腐殖质、有机物或无机物质。当饮用水的色度大于 15 度时，多数人即可察觉；如大于 30 度，人就会感到厌恶。《生活饮用水卫生标准》(GB 5749—2022)规定饮用水的色度不应超过 15 度。水质色度仪用于色度的检测，水质色度仪的现行校准可依据《水质色度仪标准规范》(JJF 1689—2018)。

水质色度仪校准规范、水质色度的测定使用铂钴标准比色法，校准所使用的计量标准器是色度溶液标准物质。水质色度的常用计量单位为度，其他单位还有毫克铂/升(mg Pt/L)、铂-钴(Pt-Co)、黑曾(Hazen)，其中 1 度＝1 毫克铂/升＝1 铂-钴＝1 PCU＝1 黑曾。

被测量的是仪器色度值，水的色度计量单位为度。当 1 升水中含有 2.419 mg 的氯铂酸钾和 2.00 毫克的氯化钴时，将铂(Pt)的浓度为每毫克时所产生的颜色深浅定为 1 度(1°)。

（三）水质监测中的浊度计量

浊度计用于浑浊度的测试。浑浊度为水样光学性质的一种表达语，以表示水的清澈和浑浊的程度，是衡量水质良好程度的指标之一，也是考核水处理设备净化效率和评价水处理技术状态的重要依据。浑浊度的降低就意味着水体中的有机物、细菌、病毒等微生物含量减少。浑浊度的降低不仅可提高消毒杀菌效果，又可降低卤化有机物的生成量。

浊度计是指用于测量悬浮于透明液体中由不溶颗粒物质所产生的光的散射或衰减程度，并定量表征这些悬浮颗粒物质含量的仪器。浊度计的现行检定依据《浊度计》(JJG 880—2006)，计量单位为 FTU(浊度单位)，FTU 与 NTU(浊度测定单位)一致。浊度计测量原理为当光线照射到液面上，入射光强、透射光强、散射光强相互之间的比值和水样浊度之间存在一定的关系，通过测定透射光强、散射光强和入射光强或透射光强与散射光强的比值来测定水样的浊度。浊度仪所使用的计量标准器为水质浊度标准物质、聚合物悬浮液浊度标准物质。

最早测定水浑浊度的仪器是 1899 年由美国人 Jackson(杰克逊)所创制的烛光浊度计。这个烛光浊度计只可测定 25 度以上的浊度，因此 25 度以上的水才可用杰克逊[浊]度(Jackson turbidity unit，JTU)来表示水的浑浊度。1901 年，美国公共卫生协会正式采用二氧化硅(SiO_2)质量单位的硅藻土浊度标准。1978 年，美国《水与废水标准检验法》(第 13 版)规定用 formazin(福尔马肼)为散射光法测定水浑浊度的基本标准。福尔马肼[浊]度(formazin turbidity unit，FTU)是衡量液体或气体浑浊度的一种物理量。Formazin 用于透射型浊度计，所测得的水的浊度单位为 FTU；用散射浊度计所测得的水的浊度单位为 NTU(nephelometric turbidity unit)散射[浊]度。

TU-FTU-NTU 的演变过程表明了水的浊度测量的主要进展。同时，水的浊度从透射光的测定发展为散射光的测定。散射浊度单位(NTU)，即水的浑浊程度，ISO 标准所用的测量单位为 FTU(浊度单位)，FTU 与 NTU(浊度测定单位)一致。

水中含有悬浮及胶体状态的微粒使原来无色透明的水产生浑浊，其浑浊的程度称为浑浊度。浑浊度的单位用“度”来表示，即相当于1升的水中含有1毫克的 SiO_2 所产生的浑浊程度为1度。浊度单位为JTU，1 JTU＝1毫克/升的白陶土悬浮体。现代仪器显示的浊度是散射浊度单位NTU，也称TU。1 TU＝1 JTU。国际上认为，由乌洛托品-硫酸肼配制的浊度标准重现性较好，因而它被选作各国统一标准FTU，1 FTU＝1 JTU，生活饮用水的浑浊度不得超过5度。

随着中国技术标准与国际标准的接轨，在水行业基本已不采用“浑浊度”这个概念和“度”这个单位，取而代之的是“浊度”概念和“NTU/FNU/FTU”单位。

（四）水质监测中的pH(酸度)计计量

实验室pH(酸度)计检定依据《实验室pH(酸度)计检定规程》(JJG 119—2018)。主要被测量的包括pH 0～14，电位(计量单位为毫伏)，温度(计量单位为摄氏度)。pH(酸度)计应用于原水与废水的检测。

（五）水质监测中的其他计量

水质监测仪品种繁多，按功能可分为多参数测定仪和单参数测定仪；按测定项目可分为实验室pH(酸度)计、溶解氧测定仪、电导率仪、光度计和化学需氧量(COD)在线自动监测仪等；按使用环境可分为便携式测定仪、实验室型测定仪和在线水质监测仪等。这些仪器都必须用相应的标准物质来进行检测。另外在线氰化物仪用途在线监控氰化物的浓度，溶氧在线监测测量仪适用于污水处理领域。

四、洪炉烈火，洪焰翕赫；烟示及黔，焰不假碧——温度的计量

什么是炉火纯青?《周礼·考工记》记载：“凡铸金之状，金与锡，黑浊之气竭，黄白次之；黄白之气竭，青白次之；青白之气竭，青气次之，然后可铸也”。在冶炼铜矿和锡矿时，炉膛中的火焰依次呈现出“黑浊”“黄白”“青白”三种颜色，三种颜色对应的正在燃烧的物质分别是杂质、锡和硫、青铜合金，且温度处于低温、较高温、高温。当火焰呈现青白色时，铜锡已成为青铜合金，温度只有达到要求方可开炉铸造。这与近代物理学中用光谱学原理来鉴别物质温度的方法有点相似。

（一）“开尔文”是7个SI基本国际单位之一

温度的国际单位为“开尔文”，符号是“K”，是7个SI基本国际单位之一。开尔文为热力学温标或绝对温标，每变化1开尔文相当于变化1摄氏度，摄氏度以冰水混合物的温度为起点，而开尔文是以绝对零度作为计算起点，即－273.15摄氏度＝0开尔文。水的三相点温度为0.007 6摄氏度，也可以说开尔文是将水的三相点温度定义为273.16开尔文后所得到的温度。开氏温度计的刻度间隔

与摄氏温度计上的刻度间隔一致，即开氏温度计上的 1 度等于摄氏温度计上的 1 摄氏度，水的冰点摄氏温度计为 0 摄氏度，开氏温度计为 273.15 开尔文。

温标是测量温度的一把尺子。温标三要素包括温度计、固定点和内插方程。科学界普遍把第一支温度计的功劳归于意大利的科学先导伽利略。此后，许多科学家对温度的定标和研究方面也做出了很大贡献。

1710 年，瑞典学者华伦海脱提出，并于 1742 年创立，欧美广泛使用的华氏温标(℉)：水的冰点为 32 华氏度，水的沸点为 212 华氏度，中间分为 180 等份，每一等份代表 1 华氏度。

1742 年，瑞典学者摄尔休斯提出摄氏温标(中国和其他亚洲地区等国家广泛使用)。他的方案是以水的沸点为 0 摄氏度，冰点为 100 摄氏度。后来，法国人克里斯丁把两个标度倒过来，便成了现在的摄氏温度：在标准大气压(1 013.25 百帕斯卡)下，冰水混合物的温度为 0 摄氏度，水的沸点为 100 摄氏度，中间划分为 100 等份，每等份为 1 摄氏度。

1848 年由开尔文提出的以卡诺循环和查理定律为基础建立的理想绝对热力学温标，绝对零度等于零下 273.15 摄氏度。这种绝对温标被称为开尔文热力学温标，计量单位为“开尔文”，符号是“K”，7 个 SI 基本物理单位之一。

1954 年第 10 届国际计量大会第 3 号决议给出了热力学温标的现代定义，表明水的三相点为其第二定义点，并规定将其温度定为 273.15 开尔文。

第 13 届国际计量大会第 3 号决议将热力学温度的单位更名为“开尔文”(符号 K)，在第 4 号决议中指出：“开尔文，热力学温度单位，等于水的三相点(固态、液态、气态)的热力学温度的 1/273.16。”水的三相点温度为 0.01 摄氏度。第 26 届国际计量大会通过决议，1 开尔文被定义为“对应玻尔兹曼常数为 $1.380\,649\times10^{-23}$ 焦耳/开尔文的热力学温度”。该标准定义于 2019 年 5 月 20 日起正式生效。

（二）生活中的温度计量

恒温槽顾名思义就是能提供恒定温度的槽体。它的介质有空气和液体。以空气为介质的称为恒温箱，以液体为介质的称作恒温槽。据温度范围不同，恒温槽又分为低温恒温槽(一般是－40～100 摄氏度)、超级恒温槽(一般约为 300 摄氏度)。

水银温度计是一种膨胀式温度计，利用透明玻璃感温泡和毛细管内的感温液体随被测介质温度的变化，热胀冷缩来进行温度测量。水银温度计可以测量－39～356.7 摄氏度的温度。如今，大多水银温度计采用与标准水银温度计或标准铂电阻温度计在恒温槽中浸没，同时温度比对，以进行测量。标准温度计和被检温度计应按规定的浸没方式垂直插入恒温槽中，测量时必须采用逐步升温的方式来进行同时比对。

（三）红外温度计

红外温度计分为红外体表温度计和红外耳温计，其中红外温度计是指利用被测对象与探测器间的红外辐射交换来测量温度的仪器。红外耳温计测温部位一般为耳道和鼓膜；红外体表温度计测温部位为人体的皮肤。温度计又分为接触类和非接触类，例如，水银温度计是接触类，红外体温计就属于非接触类。

红外体表温计的测温原理基于黑体辐射①：自然界中一切高于绝对零度（－273.15 摄氏度）的物体都在不停地向外辐射电磁波，物体向外辐射能量的大小及波长的分布与其表面温度有着密切关系。人体的正常温度为 36～37 摄氏度。通过对物体自身辐射的红外能量的测量便能准确地测定它的表面温度，这就是红外辐射测温的客观依据。

红外体表温计有两种显示模式：①校准模式（直接测量模式），显示未经任何修正的温度，即对黑体温度的测量结果。②估算模式，显示对环境温度变化、发射率、被测体位等因素修正后的估算温度。

红外体表温计采用黑体辐射源对其在校准模式下的示值进行校准。校准红外体表温度计的黑体辐射源是一个有一定开口、内壁面温度已知、内壁表层发射率高、内壁表层等温的空腔结构。黑体辐射源的研究本身也是一个课题。在红外体表温计的检测过程中，黑体空腔应在红外体表温计的视场区域内。标准铂电阻温度计探入黑体辐射源的内侧，与内壁表面接触，标准铂电阻温度计的温度示值作为标准值，与红外体表温度计示值进行比对，这是就红外体表温度计的测量。它的计量单位为摄氏度。

五、茅茨疏易湿，云雾密难开——湿度的计量

（一）相对湿度

湿度的表示方法包括绝对湿度、相对湿度等。平时所说的湿度一般是指相对湿度。相对湿度是指被测气体中的水蒸气压和该气体在相同温度下饱和水蒸气压的百分比。相对湿度有两种表示方法：①相对湿度：65％；②湿度：65％RH。它们都表示相对湿度（relative humidity，RH）。

（二）温湿度表的计量

温湿度表是我们日常生活中常见的仪器。冷链运输、药品零售、制药厂车间、医院工作间的日常温湿度都需要长时间监测，如果温湿度表失准，商品和药品的品质便很难保证。

① 黑体辐射的原理：任何物体都具有不断辐射，吸收、反射电磁波的性质，辐射出去的电磁波在各个波段是不同的，有一定的谱分布。这种谱的分布与物体本身的特性和温度有关，称为热辐射。物理学家定义了一种理想物体（为了研究不依赖于物质具体物性的热辐射规律）——黑体，以此作为热辐射研究的标准物体。

温湿度标准箱是检测温湿度表的辅助设备。它以空气为介质，内部高精度温湿度传感器实现箱内温湿度的准确测量，软硬件结合自动调节箱内温湿度的恒定，提供持续、重复性的可靠环境，温湿度表能在箱内与更高精度的外置标准完成比对，形成测量。

（三）婴儿培养箱的计量

婴儿培养箱是为早产、发育不良、患病的新生儿提供治疗和护理的基础医疗设备。它模拟母体子宫环境，且可以控制婴儿舱内的温度、湿度，并对超出允许范围参数发出声光报警或自动切断。

由于新生儿自身的抵抗力差，婴儿培养箱就需要温度稳定、湿度适宜。如果婴儿培养箱的温度过高，新生儿就会体温升高，烦躁不安，哭闹不停等，严重时还可能造成患儿局部灼伤，烫伤或脱水，甚至危及生命；如果婴儿培养箱温度过低，新生儿会出现嘴唇青紫、硬肿等情况。因此，无论温度过高，还是过低，都会对新生儿造成一定的伤害。

婴儿培养箱的校准依据是《婴儿培养箱校准规范》(JJF 1260—2010)，该规范适用于空气控制温度的婴儿培养箱。其主要包括温度参数的检测、湿度的检测和噪声的检测。它采用的标准器是声级计、温湿度类标准器，它的计量单位为摄氏度、分贝。

第三节　计量与医疗

一、X 射线机

（一）X 射线机概述

医用 X 射线机按照使用目的可分为诊断 X 射线机和治疗 X 射线机两大类。1895 年，德国物理学家伦琴在暗室做阴极射线研究时发现一块涂了铂氰化钡的纸板上有荧光透出，他发现这种射线能穿过肌肉使胶片感光，1896 年伦琴公布了他的发现，因为不了解这种射线的性质就称它为 X 射线，有人就把它叫作伦琴射线。简单地说，当 X 射线通过人体时，有的光子没作用，有的光子被电子吸收，有的光子散射或偏离方向。

（二）X 射线机的计量

一个 X 射线成像系统可以分为 X 射线源、硬件、显示。我们平时所说的 CR 是计算机 X 射线摄影(computed radiography，CR)，DR 是数字 X 射线摄影(digital radiography，DR)。X 射线产生需要三个条件：①电子源；②高速电子流；③靶。电子在正负两极高压作用下被加速成为高速电子流。X 射线机的剂量决定了人体所承受的辐射量的大小，高压的大小决定了 X 射线的强弱，所以 X

射线机的剂量、电压是检测的两个关键参数。

X 射线机的检定依据《医用诊断 X 射线辐射源检定规程》(JJG 744—2004)，检定所使用的计量标准器是诊断水平剂量仪。

（三）Gray 的来由

物理量“电离辐射能量吸收剂量”有一个专用标准单位名称——戈瑞(Gray)，它来自英国物理学家、放射生物学之父路易斯·哈罗德·戈瑞的名字。1 戈瑞＝1 焦耳/千克。根据《电离辐射防护与辐射源安全基本标准》(GB 18871—2002)：安全剂量为 1 毫西弗/年；辐射工作人员安全剂量为 20 毫西弗/年，其中不包括天然本底剂量及医疗剂量在内。西弗(Sv)（剂量当量）用于衡量辐射对生物组织的伤害，定义为 1 西弗＝1 焦耳（辐射能量）/千克，1 西弗＝1 焦耳（辐射能量）/千克，简单来说，1 西弗等于 1 戈瑞乘以生物组织的加权，权数一般小于 1，例如，大腿权数就只有 0.01，全身权数为 0.05。

二、狂风吹我心，西挂咸阳树——多参数监护仪

多参数监护仪是一种可以实时、连续并且长时间监测病人的一些重要生命特征参数的仪器。它可以 24 小时监护病人的生理特征。多参数监护仪监测参数一般包括心率、血压（无创）、血氧饱和度、呼吸等。

（一）多参数监护仪来自仿生

多参数监护仪的设计原理是将生物信号转换为可测量的电信号。人体在呼吸过程中的胸廓运动会造成人体体电阻的变化，变化量为 0.1～3 Ω，这被称为呼吸阻抗。

1. 无创血压测量原理

血压是指血液对血管壁的压力，静脉与动脉不同。通常，血压是指动脉血压。在心脏的每一次收缩与舒张的过程中，血流对血管壁的压力也随之变化。动脉血压一般是指主动脉压，通常测人体上臂与心脏同高度处的动脉血管内对应心脏收缩期和舒张期的压力。用其压力值来表示人体的血压，分别称为收缩压（或高压）和舒张压（或低压）。

2. 无创动脉血氧饱和度的测量原理

人体组织中的皮肤、骨骼、肌肉、静脉血等的吸收信号是恒定的。只有动脉中的氧合血红蛋白和血红蛋白的吸收信号会随着脉搏做周期性的变化。血液中的血红蛋白和氧合血红蛋白对光的吸收特性不同，用两种不同波长的红光（660 纳米）和红外光（940 纳米）分别透过组织，再由光电接收器转换成电信号。

3. 呼气末二氧化碳($PetCO_2$)测量原理

呼气末二氧化碳($PetCO_2$)的测量主要采用红外光谱技术，因为不同浓度的

CO_2 对特定红外光的吸收程度不同。

（二）多参数监护仪的计量

多参数监护仪的检定依据《多参数监护仪检定规程》(JJG 1163—2019)。检定多参数监护仪所使用的计量标准器有心电模拟仪内含方波信号发生器、正弦波信号发生器、模拟窦性心律信号发生器、无创血压模拟仪、脉搏血氧饱和度模拟仪、二氧化碳标准气体、呼吸节律发生器、钢直尺、秒表和气压计。这些计量标准器用于检定多参数监护仪的示值误差。多参数监护仪的检定项目有心电、无创血压、脉搏血氧饱和度、二氧化碳等。多参数监护仪实际上是对电压、时间、压力、脉搏等参数测量。它的计量单位为伏、秒、千帕(毫米汞柱)、次/分钟。

小知识

多参数监护仪与普通监护仪有什么不同?

《多参数监护仪检定规程》(JJG 1163—2019)引用标准《无创测量血压计》(JJG 692—2010)、《心电监护仪检定规程》(JJG 760—2003)、《医用电气设备呼吸气体监护仪的基本安全和主要性能专用要求》(YY 0601—2009),说明多参数监护仪是一个综合扩展医疗设备,集多种医用功能于一身。

三、妙手仁心施医术——心脏除颤器

（一）心脏除颤器的作用

心脏除颤器主要用于抢救心脏骤停和治疗心律失常的病患。心脏骤停是心脏猝死最常见的原因,心脏骤停通常是由室颤引起的,立即用除颤器进行电击是目前公认最有效的方法。心律失常是由心脏活动的起源和(或)传导障碍导致的心脏搏动频率和(或)节律异常。心脏电除颤也称心脏电复律,是指在短时间内向心脏通以高压强电流,使心肌瞬间同时除极,消除异位性快速心律失常,使之转复为窦性心律的治疗过程。

心脏电除颤有赖于选择恰当的能量以产生足够的电流。如果能量及电流太低,电击不能终止恶性心律失常;如果能量及电流太高,电击又可引起心肌损伤或心肌坏死。心脏除颤器使用的释放能量的计量单位为焦耳(J),起搏脉冲宽度的计量单位为毫秒(ms),起搏脉冲电流幅度的计量单位为毫安(mA)。在心脏电除颤时,作用于心脏的是一次瞬时高能脉冲,一般持续时间为 4～10 毫秒,电能为 40～400 焦耳。

（二）心脏除颤器的计量

心脏除颤器监护仪校准依据《心脏除颤器校准规范》(JJF 1149—2014),校准所使用的计量标准器包括电子秒表、心脑电图机及心电监护仪检定仪、钢直尺、除颤监护仪质量检测仪。测量参数有释放能量、电压、时间。

对心脏除颤器的能量检测应按照被检除颤器的能量档位分布，由低能量到高能量至少选取 6 个测试点，但必须包括最小能量点和最大能量点，一般从最低点开始测试。从临床来看，50 焦耳以内应至少选取最小能量点和 30 焦耳点，以分别检测各档能量值的输出情况，各档误差不应超过设置值的±15%或±4 焦耳（两者取较大值）。

心脏除颤器的检定是指根据待校能量点选择除颤器分析仪的量程，将被除颤器的除颤电极放置于除颤分析仪的放电电极板上，按下充电按钮充电；充电完成后，对除颤器分析仪放电，读取释放能量值。

（三）心脏除颤器的重要性

心脏除颤器是急救类设备，每次使用心脏除颤器抢救病人必须保留抢救记录。根据医疗设备与医院安全、医疗安全的相关程度，医院将计时设备分为Ⅰ、Ⅱ、Ⅲ“三难”进行管理，心脏除颤器属于最高级别第Ⅰ级，需要保证时间范围为标准时间的±1 分钟。

四、呼吸机

我们的祖先经常用“咽气”和“断气”来给病患做出是否死亡的结论，而今，医学界先用手电筒检查生命的“瞳孔”。“呼吸”在医学界是一个重要的生命指标。人工呼吸机的历史可以溯源至史前时代。呼吸机是一个仿生学的医疗设备。呼吸机的研究历史有几百年。公元前 2 世纪前后，中医已将人工呼吸作为一种急救技术。

（一）呼吸机的前世今生

1543 年，意大利帕多瓦大学解剖学教授、人体解剖学创始人安德烈亚斯·维萨留斯首次将猪气管切开，置入气管内导管，并证实在气管内置入导管施以正压通气，猪肺膨胀。哈佛大学医学工程师菲利普·德林克和生理学家路易斯·肖用自己研制的“铁肺”成功复苏脊髓灰质炎呼吸衰竭伴昏迷的 8 岁女孩，开创了机械通气史上的里程碑。1934 年，Frenkner 研制出第一台气动限压呼吸机。1940 年，Frenkner 和 Crafoord 合作，在气动限压呼吸机的基础上改进，发明了第一台间歇正压通气（IPPV）麻醉机，并成功应用于胸外科手术患者和战伤急性呼吸窘迫综合征患者的复苏。1948 年，美国 Bennett 公司研制出第一台初具现代呼吸机基本结构的间歇正压呼吸机，并应用于临床。

20 世纪 60—70 年代，随着物理学的发展，呼吸机的设计引进了电子技术，电动能源代替气动能源，同时增加容量压力监测系统和报警装置，极大地方便了临床应用。1970 年，根据射流理论研制出由射流控制的气动呼吸机。全部传感器、逻辑元件、放大器和调节功能都是采用射流原理，而无任何活动部件，具有与电路相同的效应。自20世纪80年代以来，随着人们对呼吸生理的深入了解，设计者们采用新的设计理念(如流体控制原理)，引进电子计算机技术，研制出第三代新型呼吸机。中国呼吸机研制的起步较晚，1958年在上海制成钟罩式正负压呼吸机，1971年制成电动时间切换定容呼吸机。如今，我们的呼吸机已接近国外先进水平。

（二）呼吸机的设计原理

人体都是靠肺进行呼吸，人体在呼吸时会产生呼吸气流。呼吸气流是由肺泡和大气压之间的压力差形成的。呼吸机主要由传感器、电路、气路以及相关辅助部件构成。呼吸机就是模仿人体呼吸的过程，用机械的方法建立肺泡与大气压之间的压力差，实现强制性的人工呼吸。正压呼吸机能提高气体压力，并利用管道和患者的呼吸道进行连接，气体通过气道和支气管进入肺泡。在呼气时，呼吸机的管道和大气相互连接，当肺泡中的大气压力大于大气压时，患者肺泡中的气体便能够有效排出；当肺部压力和大气压力相等时，呼气停止。

呼吸机的参数设置不当可能会造成患者出现气胸、纵隔气肿、皮下气肿等呼吸相关性的肺损伤。在正压通气的情况下，呼吸机的参数设置不当对患者心脏的血流、回心血量也会造成负面影响。呼吸机在疾病的治疗中具有重要作用，它可以替代患者的自主呼吸，改善呼吸衰竭者的呼吸衰竭情况。但是呼吸机的使用时间不宜较长，否则病人易出现呼吸机依赖，且可能出现与呼吸机相关的肺炎等并发症，影响其康复。

（三）呼吸机的功能

自2019年年底新型冠状病毒感染疫情暴发以来，疫情已经扩散到多个国家，新型冠状病毒感染疫情的主要病状之一是缺氧，呼吸机的辅助给了患者第二次生命。

根据《呼吸机校准规范》(JJF 1234—2018)，有创呼吸机可以模拟肺和医用压缩空气和医用氧气；呼吸机测试仪进行检测的主要是对压力、容量(潮气量)、呼吸频率、有效氧浓度4个参数进行测量。它的计量单位为千帕、毫升、次/分、%。

第四节　计量中的鼻祖

欧洲精密加工技术的出现需要一种高准确度、高效率，能互换又能任意组合的长度量具。瑞典的普尔亨世纪于18世纪初做成了木质的带有手柄的普尔亨棒规和普尔亨量规。1890年，瑞典的师艾尔·斯特罗姆在普尔亨量规基础上发明了“平板形带柄”量规。量块之父卡尔·约翰逊萌发了用端面量规检测任意尺寸的设想。他创制了阶梯式端面量块。英国科学家特恩达尔教授发表了著名的论文《磨光钢板的相互黏合力大于大气压力》。

在长度计量量值传递系统中，量块是一个最古老的传说，也是最基本的标准器。它将各种零件、配件的尺寸与长度基准联系起来，以达到长度量值的统一。量块的用途包括传递长度量值；用于检测长度测量器具的示值误差；用于比较测量工件尺寸，调整测量器具的零位；用于直接测量零件尺寸；在精密机床的调整和机械加工中划线。量块的材质多样化，有钢质，也有陶瓷质。长度计量就是几何量计量。

长度的计量单位是“米”。米是国际长度单位，是国际单位制中 7 个基本单位之一，起源于法国的米制。随着时间的推移，米的定义也经过了多次修正。“米”的定义随着科技的发展而演变。这个单位必须是稳定可靠的，且有和科学技术水平相适应的最高精度。

1790 年，法国科学院受法国国会的委托提出了“米”制的建议。1791 年“米制”的建议得到批准，决定以通过巴黎的地球子午线的四千万分之一作为 1 米，并制作了一把米尺，称为档案米尺。

1889 年 9 月 20 日第一届国际计量大会根据瑞士制造的米原器给米的定义是“当 0 摄氏度时，国际计量局的截面为 X 形的铂铱合金尺两端刻线记号间的距离”。复现不确定度为 1×10^{-7}(0.11 微米)。

1927 年第 7 届国际计量大会对米的定义做了严格的规定：国际计量局保存的铂铱米尺上所刻两条中间刻线的轴线在 0℃的距离。

1960 年第 11 届国际计量大会通过了米的新定义：“米的长度等于氪-86 原子的 $2p_{10}$ 和 $5d_5$ 能级之间跃迁所对应的辐射在真空中波长的 1 650 763.73 倍”。以自然基准代替实物基准，这是计量科学的一次革命，用光波波长定义米更加稳定，只要符合定义规定的物理条件，就能复现，复现不确定度为 1×10^{-9}。

1983 年第 17 届国际计量大会通过米的最新定义为：“米是光在真空中 299 792 458 分之一秒的时间间隔内所经路径的长度。”

2018 年第 26 届国际计量大会通过“修订国际单位制”决议，将所有 7 个国际单位制(SI)基本单位全部用物理或自然常数来定义，并统一所有 SI 基本单位的表达方式，该决议于 2019 年 5 月 20 日正式生效。

新定义建立在真空中光速值的基础之上。真空光速恒定不变，这个特点使得复现米的不确定度不受某种基本物理性质的限制，复现不确定度为 1×10^{-11}。

经过 100 多年的发展，米的定义由宏观自然基准到实物基准，然后又发展到不确定的更小的以基本物理常数为基础的微观自然基准上。

一、七夕今宵看碧霄，牵牛织女渡河桥——轨道交通中的计量

童年的我们作为妈妈的随身“包裹”，坐在古老的绿皮火车上，奔向探亲之路，前方路上有下乡支农的爸爸。当我们透过玻璃看车窗外的风景，那一棵棵的直立白杨树也在向我们招手。我们总是看到铁轨上有黄衣铁路工人远去的身影，他们手拿洋镐、扒镐、叉子以及一些古老的铁具，在有砟轨道上进行检查，“叮叮叮、叮叮叮”，这敲敲，那敲敲，全凭老工人的经验和技术，检查铁路轨道是否处于正常工作状态，防止火车出轨。

（一）铁轨与马屁股

铁路轨距为什么是 1 435 毫米？这是两个马屁股产生的铁路轨距。古罗马人的战车车轮宽度是 4.85 英尺，古罗马人为什么用 4.85 英尺作为战车轮距呢？谜底就是两匹拉战车的马屁股宽度是 4.85 英尺。国际铁路协会做出规定，铁路轨距的国际标准就是 1 435 毫米（4.85 英尺），1 520 毫米以上的轨距为宽轨，1 067 毫米以下的轨距为窄轨。

（二）铁路中的计量

铁路分为地上铁和地下铁，地上铁已经发展成高铁，古老的绿皮车以后也许只能在博物馆中占一隅之地。

铁路轨道检查仪应用于地上铁，铁路轨道检查仪把人从繁重的体力劳动中解放出来，结束了“三步一叩首，五步一弯腰”的历史。铁路轨道检查仪是一种基于数字陀螺精密测量原理的轨道几何状态检查仪器。通过测量轨道的方位角和坡度角，对应距离的积分，得到轨道的横坐标、纵坐标的分量，从而计算轨道的不平顺度。铁路轨道检查仪由检测机械装置、数据采集系统及分析处理软件组成。铁路轨道检查仪检测的几何参数包括轨距、超高（水平）、左右轨向、左右高低、正矢、扭曲（三角坑）、轨距变化率等。它的计量单位为毫米（mm）、微米（μm）。

地下铁路就是地铁，第一条地铁产生于英国。世界上第一条地铁伦敦大都会铁路使用的是蒸汽机车。由于机车释放出废气，所以地铁每隔一段距离就有一个与地面通风的通风槽。

国内外城市轨道交通建设和运营产生的大量安全问题威胁着人民的生命，造成了经济损失，影响了社会稳定。因此，各轨道运营公司很重视安全检测工作，实施了大量的监测活动。

小知识

计量学是关于测量及其应用的科学，是研究测量(或计量)理论和实践的一门科学。计量学包括测量学和计量管理学。测量学包括十大专业领域的应用，简称十大计量，即几何量、力学、热学、电磁学、光学、声学、电子学、时间频率、化学、电离辐射射；计量管理学可分为科学计量管理学、工业计量管理学和法制计量管理学。其中科学计量管理学的内容主要是计量单位制、基本单位量值的复现、基本物理常数的研究；工业计量管理学的内容主要包括计量器具的制造、计量保证体系、检测和校准实验室能力的评估、校准市场的管理；法制计量管理学的内容包括计量单位制的统一、国家计量基准体系、校准市场准入条件、工作计量器具、部分标物、检定(检验)实验室的法制管理。

轨道交通运输服务拥有大量的计量器具及企业计量标准。专用、非标、动态类计量器具及关键参数都需自主的设计测量方案。2021 年，国务院颁布《计量发展规划(2021—2035 年)》。《计量发展规划(2021—2035 年)》明确提出了产业计量的概念，即在战略性新兴产业、现代服务业等重点领域，建立一批国家产业计量测试中心，研制一批专用计量测试设备，形成一批专用计量测试方法和标准规范。计量服务经济社会各领域，高质量的发展体系日趋完善。

计量的高级私人定制——产业计量，各个产业计量测试中心是产业计量的排头兵。

二、行山表木，定高山大川——工程中的计量

《尚书·益稷》记载："予乘四载，随山刊木"。《史记·夏本纪》记载："禹行山表木，定高山大川"。"刊"和"表木"都是刻有尺度的测量标桩。在高山河流上设置高程标志就是今天测试技术中采用的标杆方法。

水准仪是一种提供水平视准线的仪器，通常配合水准尺测量地面两点之间的高差。其主要部件有望远镜、管水准器、垂直轴、基座、脚螺旋。水准仪按结构分为微倾水准仪、自动安平水准仪、激光水准仪和数字水准仪；水准仪按精度分为精密水准仪和普通水准仪。

其测量的原理(图 6-2)是利用水准仪提供的水平视线，读取竖立于两个点的水准尺上的读数，来测定两点间的高差，再根据已知点高程计算待定点高程。

水准仪可以分为光学水准仪和电子水准仪。光学水准仪通过加装测微器实现对水准仪的读数功能，电子水准仪直接读取水准仪的条码信息。

水准仪广泛地用于测绘、建筑、隧道、桥梁、道路及铁路设计及施工、机械安装、地震监测、水利勘测、工业测量等水准仪检定装置，是国民经济建设中不可或

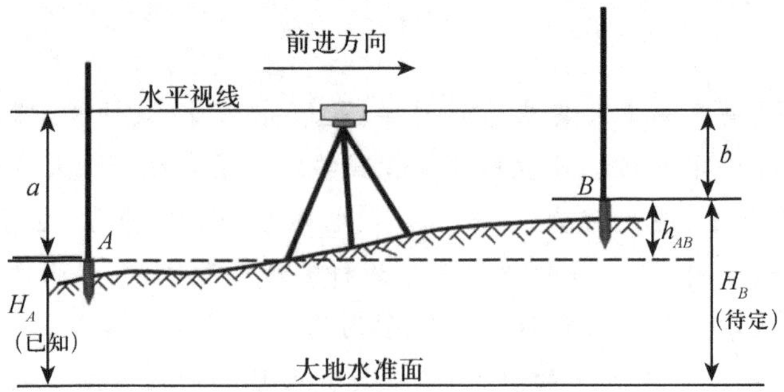

图 6-2　水准仪测量的原理

缺的标准设备。依据《水准仪检定规程》(JJG 425—2003),以平行光管法为例,在对径的两个平行光管之间安置一个精密水准仪,用“互访”的方式建立一条误差小于或等于 1″的水平基准线。通过被检水准仪与水平基准线直接比较,获得其水平视准线误差(i 角)。

三、时代的车轮,滚滚红尘——公路中的动态称重

从举权定重到大型衡器,从一支小杆秤到大型电子汽车衡,从机械到电子,从静态称重到动态称重,时代的车轮,滚滚红尘。

(一)超载的影响

超载是指交通运输工具的实际承载重量超过规定的最大允许数值。一般计量学针对的是货车重量超载,客车超载不是我们研究的对象。超载对路面会造成损害,很多是隐性的伤害,不可目测。研究数据表明,当汽车轴载超过标准载荷 1 倍时,汽车在公路行驶一次就相当于标准车辆行驶沥青路面 256 次,行驶水泥混凝土路面 65 536 次。中国监测到的车辆最大单后轴载重达 24 吨。这种车辆行驶水泥公路一次,就相当于标准车辆行驶 121 万次。据专家介绍,如果 1 条设计使用 15 年的公路,行驶车辆超载 1 倍,其使用年限将缩短 90%,即只能使用 1 年半。

(二)超载中的计量

超载车辆的质量既可以通过电子汽车衡称总质量,又可采用测轴重方式推算出整车的质量。便携式动态轴重仪由两个分离台组成:一个承载器和动态称重显示器。它的特点是质量轻,精度低,体积小,一般仅用于公路车辆超载检测。便携式动态轴重仪的称重原理是通过对行驶车辆的每个轴分别称量,并自动累加轴称量的结果,以获得车辆总质量。

便携式动态轴重仪校准可依据《便携式动态轴重仪校准规范》(JJF 1212—2023)(该规范于 2023 年 10 月 12 日批准,2024 年 4 月 12 日实施),便携式动态

轴重仪动态称重时的最大允差分别为±2.5%、±5.0%，它的计量单位为千克。便携式动态轴重仪可以用检衡车或已知质量的大型汽车衡进行校准。

便携式动态轴重仪在执法中采用的是动态称重的方式，以汽车的行驶速度大于0千米/小时、不大于5千米/小时匀速行驶在便携式轴重仪的称重台面，称重显示器将自动打印出汽转的质量读数。

第五节　计量与安全

一、压力表

（一）压力表的历史

意大利人托里拆利最先测定标准的大气压力值为760毫米汞柱，奠定了液柱式压力测量仪表的基础。法国人波登制成波登管式压力表由于结构简单、实用，很快在工业中获得广泛应用，一直是常用的压力测量仪表。

20世纪上半叶出现的远传压力表和电接点压力表解决了压力测量值的远距离传送和压力的报警、控制等问题。20世纪60年代以后，为适应工业控制、航空工业和医学测试等方面的要求，压力表日益向体积轻巧、耐高温、耐冲击、耐振动和数字显示等方向发展。

（二）压力表的类型

压力表按工作原理分为液柱式、弹性式、活塞式等类型。

1. 液柱式压力表

液柱式压力表是一种基于流体静力学原理，利用由一定液柱高度产生的压力与末知力的压力相等的方法来测量压力的仪器。大多数液柱式压力表是一根直的或弯成U形的玻璃管，充以工作液体，如蒸馏水、水银和酒精，所测压力小于0.3兆帕。U形管压力计即为液柱式压力表。

2. 弹性式压力表

弹性式压力表是指利用弹性敏感元件（弹簧管）在压力作用下产生弹性形变，其形变的大小与作用的压力呈一定的线性关系，通过传动机构（机芯）用指针或其他显示装置表示被测压力的测压仪器。

弹性式压力表按弹性敏感元件的不同可分为弹簧管式、膜盒式、膜片式和波纹管式等。平时常见的大部分弹性式压力表是弹簧管式压力表。

3. 活塞式压力表

活塞式压力表是基于帕斯卡定律及流体静力学平衡原理产生的一种高准确度、高复现性和高可信度的标准压力计量仪器。活塞式压力表的检定所使用的标准器是标准压力表，即活塞式压力表与标准压力表进行数值比对。它的计量单位为帕。

（三）压力表的单位

国际单位制中的压力单位是牛顿/米^2，又称帕斯卡，简称“帕”。压力（帕）：$P=F/S$，（S 表示面积），单位为帕。帕的物理意义：1 米^2 的面积上受到的压力是 1 牛顿（1 牛顿的力作用在 1 米^2 上）。

（四）生活中的压力表

我们在生活中经常见到使用压力表的场所包括灭火器上的压力表、医院的氧气压力表和空盒气压表。灭火器上的压力表的绿色标识是指压力在正常的范围内。如果压力指针在红色区域，说明瓶内的压力不够，压力指针在黄色区域，说明内部压力过大。医院的氧气压力表适于测量以氧气为介质的场合，例如，医院的氧气瓶。医院的氧气压力表和一般压力表的主要区别在于氧气压力表是禁油表，因为氧气不能自燃，但是它可以助燃。空盒气压表是指以变形元件作感应的一种大气压测量仪器。它具有携带方便、测量准确、测压范围广、使用维护简便等优点，被广泛用于气象、航空、航海、农业、测量、地质、工矿企业和科研等领域，成为测量大气压力的常规仪器。

二、酒精的计量

呼出气体酒精含量检测仪在交管部门执法工作中被普遍使用。由于交管部门在现场执法使用酒精探测仪与实验室的理想状态不同，所以交管部门在现场测酒驾时往往先用呼出气体酒精含量检测仪进行测试，筛选后再进一步送检，采取抽血化验的方法来确定驾驶员是否酒驾。

（一）酒驾的标准

《〈车辆驾驶人员血液、呼气酒精含量阈值与检验〉国家标准第 1 号修改单》（GB 19522—2010/XG1—2017）规定：①饮酒驾车是指车辆驾驶人员血液中的酒精含量大于或等于 20 毫克/100 毫升，小于 80 毫克/100 毫升的驾驶行为；②醉酒驾车是指车辆驾驶人员血液中的酒精含量大于或等于 80 毫克/100 毫升的驾驶行为。

（二）呼出气体酒精含量检测仪的计量

呼出气体酒精含量检测仪现行检定依据《呼出气体酒精含量检测仪》（JJG 657—2019），计量单位为毫克/升。其原理就是在血液中扩散的酒精需要遵循亨利定律，酒精会自由地扩散在整个肺部，而呼出气体中的酒精浓度和血液中的酒精浓度呈一定的比例关系，通过测定驾驶者呼出气体中的酒精含量，计算出其血液中的酒精含量。血液中的酒精浓度简称“BAC”，呼出气体中的酒精浓度简称“BrAC”。血液中的酒精浓度 BAC（毫克/100 毫升）＝呼气中酒精浓度 BrAC（毫克/升)×2 200。呼出气体酒精含量检测仪需用标准物质“空气中乙醇”检测，计量单位为毫克/升。标准物质主要是用来检测气体酒精含量探测器仪器 BrAC 示值，主要被测量是仪器示值，计量单位为毫克/升。

小知识

亨利定律是指在常温下且密闭的容器中，液体中的溶解气体的量与液体上方的分压成正比，比例因子被称为亨利定律常数。该定律是 19 世纪早期英国化学家威廉·亨利在其研究中发现的。

第六节　计量与教育

一、视光学中的计量

我们平时在医院检查视力是对屈光力的测量。我们平时配眼镜时所用的“度数”是指眼镜片的顶焦度，计量单位为“米$^{-1}$”，顶焦度包括前顶焦度和后顶焦度。

（一）焦度计原理

焦度计也称屈光力计及镜片测度仪，主要用于眼镜片和隐形眼镜光学参数的测量，是视光学的重要光学测试仪器。其主要测量镜片后顶点屈光力和光学中心以及柱面镜片屈光力及轴位方向和镜片棱镜及其基底方向。焦度计用来检测镜片度数和定镜片中心位置，所以在加工过程中，使用焦度计来确定镜片度数是否准确，从而确定散光的轴位和中心位置，加工完成后，再检测度数。通过散光度数、轴位以及中心位置来确定瞳距。焦度计主要用于测量眼镜片的顶焦度，计量单位名称为屈光度，符号为 D，范围至少是从－20～＋20D，间隔不应大于 0.25D，还可测量眼镜片的棱镜度，计量单位名称为棱镜屈光度，符号为△，范围至少是从 0～5△，读数间隔不应大于 1△，也用来确定柱镜片的柱镜轴位方向，在未切边镜片上打印标记。

（二）焦度计中的计量

焦度计的检定依据《焦度计》(JJG 580—2005)。焦度计检定所使用的计量标准器是数显卡尺、顶焦度标准镜片。焦度计被测量的是棱镜度示值允差[计量单位为厘米/米]、柱镜顶焦度示值允差（计量单位为米$^{-1}$）和球镜顶焦度示值误差（计量单位为米$^{-1}$）

二、物理光学计量

（一）7个国际基本单位之一——坎德拉

坎德拉物理学解释为坎德拉烛光（相当于1支普通蜡烛的发光强度）在一个立体角（半径为1米的单位圆球上，1米^{2}的球冠所对应的球锥所代表的角度，其对应中截面的圆心角约为65度）上产生的总发射光通量。

发光强度表示光源发光强弱程度的量。它起初是用蜡烛（或其他火焰）来定义的，后来采用黑体辐射原理来定义。1948年，采用铂凝固点温度的黑体作为发光强度的基准，定名坎德拉，也称为“新烛光”。

坎德拉是发光强度的单位，国际单位制（SI）的7个基本单位之一，简称“坎”，符号为cd，是光源在给定方向上的发光强度。该光源发出频率为540×10^{12}赫兹的单色辐射。当光视效能K_{cd}以流明，即坎德拉·球面度表示时，其固定数值可取683来定义坎德拉。

1949年第9届国际计量大会通过确定发光强度的基本单位是坎德拉。1979年第16届国际计量大会对坎德拉给出的定义是坎德拉是光源在给定方向上的发光强度，该光源发出频率为540×10^{12}赫兹的单色辐射，且在该方向上的辐射强度为（1/683）/瓦/球面度。波长为555纳米的波是人眼感觉最灵敏的。

各色光的频率不同，眼睛对各色光的敏感度也有所不同。即使各色光的辐射能通量相等，但是它们在视觉上并不能达到相同的明亮程度。在各色光中，黄色光、绿色光能达到最大的明亮程度。

绝对黑体在铂凝固点温度下从5.305×10^3厘米^{2}面积上辐射出的光通量为1流明。为表明光强和光通量的关系，发光强度为1坎德拉的点光源在单位立体角（1球面度）内发出的光通量为1流明。

（二）光通量——流明

流明（符号为lm）是由国际单位制导出的光通量单位，代表一个单位时间内光源发出的可见光总量。光通量根据人眼对各种波长的敏感度模型（光度函数）进行加权处理。流明用坎德拉表示为1流明（lm）=1坎德拉·球面度（cd·sr）。

一只40瓦的日光灯输出的光通量大约是2 100流明，发光强度为1坎德拉的点光源在单位立体角（1球面度）内发出的光通量为1流明。

1. 光的照明

教室人工照明检测方法依据《照明测量方法》（GB/T 5700—2008）、《建筑照明设计标准》（GB 50034—2013）。判定是否合格可依据《〈中小学校教室采光和照明卫生标准〉国家标准第1号修改单》（GB 7793—2010/XG1—2018）中的有关规定。

人的眼睛对不同颜色的光的感觉是不同的，该感觉决定了光通量与光功率的换算关系。对于人眼最敏感的555纳米的黄绿光来说，1瓦=683流明，也就是说，1瓦的功率全部转换成波长为555纳米的光，为683流明。这个是最大的光转换效率，也是定标值，因为人眼对555纳米的光最敏感。对于其他颜色的光而言，其中650纳米的红色，1瓦的光仅相当于73流明，这是人眼对红光不敏感的原因。

1瓦的功率到底能转化成多少光通量。如果全部转换成555纳米的光，那就是每瓦683流明。如果有一半转换成555纳米的光，另一半变成热量损失了，那效率就是每瓦341.5流明。白炽灯能达到1瓦=20流明就很不错了，其余的都成为热量或红外线。

对于课桌面照度来说，教室课桌面上维持的平均照度值不应低于300勒克斯，其照度均匀度不应低于0.7(维护系数取0.8)。教室黑板应设局部照明灯，其维持的平均照度不应低于500勒克斯，其照度均匀度不应低于0.8(维护系数取0.8)。

照度与视疲劳有一定关系，教室内的光线既不能过亮，也不能过暗，否则就会造成视觉疲劳。研究表明，在照度值为300勒克斯，浅黄色木材纹理的桌面上做作业时，人的眼睛的疲劳程度较轻。

2. 光的照度

色温是照明光学中用于定义光源颜色的一个物理量，即把某个黑体加热到一个温度。当其发射的光的颜色与某个光源所发射的光的颜色相同时，这个黑体加热的温度就称为该光源的颜色温度，简称色温，其单位用“开尔文(K)”表示。色温、光色、气氛效果色温是台灯性能指标。护眼灯的色温应满足高标准工作要求，4 000开尔文是最接近自然光平均值的中性色温，过高则显白，过低则显黄，3 000～5 500开尔文为中间色温，最合适。

以绝对温度来表示，即将一个标准黑体加热，温度升高到一定程度时，颜色由深红—浅红—橙—黄—白—蓝，逐渐改变。当某光源与黑体的颜色相同时，我们将黑体当时的绝对温度称为该光源的色温。开尔文常用于测量光源的色温。色温是基于黑体发出的光的颜色，取决于辐射体的温度的原理。温度低于4 000开尔文的黑体为浅红色，温度高于7 500开尔文的黑体为浅蓝色。色温在投影和摄影的领域很重要，约5 600开尔文的色温需要匹配“日光”胶片。在天文学领域，恒星的光谱和它们在赫罗图中的位置部分取决于它们的表面温度，被称作有效温度。例如，太阳的光球的有效温度为5 778开尔文。大于5 000开尔文呈现清凉(带蓝的白色)冷的气氛；3 300～5 000开尔文呈现中间(白)爽快的气氛；小于3 300开尔文呈现温暖(带红的白色)稳重的气氛；直射阳光为5 330开尔文,等能光源 E 为 5 500 开尔文;现场色温教室宜采用 3 300～5 500 开尔文色温的光源;现场显色指数光源显色指数不宜小于 80。

3. **光的眩光**

统一眩光值(UGR)教室的统一眩光值(UGR)不宜大于 19。在国际照明工程词汇中,眩光是一种视觉条件。这种条件的形成是由亮度分布不适当或亮度变化幅度太大或空间、时间上存在着极端的对比而引起的不舒适或降低观察重要物体的能力。眩光可导致视功能障碍,损害老年人、婴幼儿的视网膜,成年人会因为长时间眩光而造成视功能下降。眩光会诱发神经系统和生物种的紊乱,例如,装饰材料的漫反射的眩光;各种夜间照明会影响生物钟和褪黑激素的分泌,以干扰精神系统的稳定,从而造成光污染。

眩光可致屈光不正,适合人眼的光照度为 100～300 勒克斯,闪频大于等于 150 赫兹。如果照度过强或闪频不足,易引起眼睛疲劳而引发近视类屈光不正,如在太阳光下看书。一些电子产品颜色变化率也易引起视觉疲劳。

公共建筑常用房间或场所的不舒适眩光应采用统一眩光值(UGR)来评价。UGR 值分 28、25、22、19、16、13、10 七档。28 为刚刚不可忍受值,25 为不舒适感值,22 为刚刚不舒适感值,19 为感觉舒适与不舒适的界限值,16 为刚刚可接受值,13 为刚刚感到眩光值,10 为无眩光感值。《建筑照明设计标准》(GB 50034—2013)的照度标准多数采用 25、22、19 的 UGR 值。

第七节　计量与电声

一、音律吕兮韵官商,竹不实兮椸则僵——声学计量

(一)声音的本质

声音是由物体振动产生的声波,是通过介质(空气或固体、液体)传播并能被人或动物的听觉器官所感知的波动现象。最初发出振动(震动)的物体叫声源。声音是一种波,可以被人耳识别的声音的频率为 20～20 000 赫兹。人们以分贝为单位来表示声音的强弱。声学是指研究机械波的产生、传播、接收和效应的科学。声学计量分为空气声计量、水声计量和超声计量。声学计量的关键参数为分贝与频率,它的计量单位为分贝、赫兹。

(二)分贝的来由

分贝是以发明家"亚历山大·格拉汉姆·贝尔"的名字命名的,贝尔的母亲在他 12 岁时不幸因病变成聋哑人,因此他一生致力于聋哑人的教育与声音的研究。贝尔获得了世界上第一台可用的电话机的专利权,建立了贝尔实验室和贝

尔电话公司。

根据《声学计量术语及定义》(JJF 1034—2020)，分贝的定义为当对数的底为10的10次方根时，功率类量的级的单位；当对数的底为10的20次方根时，场量的级的单位，常用分贝(dB)表示。“分”(deci)指十分之一，个位是“贝”(bel，纪念“贝尔”而命名)，分贝即1/10贝尔。因为“贝尔”这个单位在实际使用中太大，所以更多地使用1/10分贝。

分贝适用于声学计量，且与人体的听觉相符。例如，声音的功率100倍、1 000倍的变化，人体感到的声音响度却是20倍、30倍的变化，这与功率变化的对数值相符，所以用分贝来度量物理量的变化，更符合人的感觉特性。

（三）噪声分贝自测指导

1分贝为刚能听到的声音；15分贝以下为感觉安静；30分贝是耳语的音量大小；40分贝相当于冰箱的嗡嗡声；60分贝为正常交谈的声音；70分贝相当于走在闹市区听到的声音；85分贝相当于在汽车穿梭的马路上听到的声音；95分贝相当于摩托车启动声音；100分贝相当于装修电钻的声音；110分贝相当于卡拉OK、大声播放MP3的声音；120分贝相当于飞机起飞时的声音；150分贝相当于燃放烟花爆竹的声音。

美国言语语言听力协会提醒，长期在夜晚接受50分贝的噪声，容易导致心血管疾病；55分贝的噪声会对儿童学习产生负面影响；60分贝的噪声能让人从睡梦中惊醒；70分贝的噪声可以增加30%左右的心肌梗死的发病率；超过110分贝的噪声可能导致永久性听力损伤。

（四）音准仪

如果学习乐器，家中就必备声学仪器——音准仪。音准仪是用来测量律音、音调是否准确及偏差大小的声学仪器，用于钢琴、风琴、电子琴的音调、音高的调校。声是人耳能够识别的一种波，声音是声波通过任何介质传播形成的运动。因为声音是一种波，音准仪的检测也可以转变为频率检测。电子音准仪的基本工作原理是传声器接收被测乐器声，当音准仪的传声器接收到乐器声后，通过放大器将信号放大，形成电流，其电流频率与乐器声的频率一致，仪器显示的数值即是接收频率的指示值。

测量音准仪的方法是将正弦信号发生器的输出端接在被检测音准仪的电信号输入端，输入信号发生器的标准频率，逐步加大信号幅度，音准仪读数稳定，微调信号发生器的频率调纽，使音准仪在标准音高的音分指示为零，记录此时信号发生器的频率实际值，折算出标准音高的误差。

在利用音准仪进行调律时，应避免过于依赖仪器设备，学习者要先训练自身调律的听觉，然后利用音准仪进行复核。音准仪的现行校准依据《音准仪校准规范》(JJF 1136—2005),被测量为频率,它的计量单位为 Hz。

(五)新生儿听力中的计量

全球大约有 4.66 亿人患有残疾性听力损失,其中 3 400 万是儿童。在中国每年新生儿中,2 万~3 万名新生儿患有重度到极重度的听力损伤。

人耳是最灵敏、复杂的传感器。医疗中的声学计量是耳声发射。耳声发射作为一种判断外周听力系统有无障碍的音频能量,是产生于耳蜗的机械振动,再通过听骨链及鼓膜释放,刺激外耳道,最终引起外耳道内空气振动。该种检测手段可客观体现出被测试新生儿耳蜗毛细胞及周围结构功能状态与听力受损状况。该种筛查手段具有便捷迅速、安全灵敏等优势,适用于临床对新生儿听力进行筛查。

耳声发射测量是一类客观评价听力水平的测听方法的总称。耳声发射测量仪是一种在输出纯音或短时声刺激信号的同时,通过记录和测量外耳道内的耳声发射,以筛查和诊断听力疾病的医用测量仪器。耳声发射测量仪现行校准依据《测听设备耳声发射测量仪校准规范》(JJF 1289—2020)。它的标准器有仿真耳①和动态信号分析仪,它的被测量为频率(计量单位为赫兹);声压级(计量单位为分贝)。

(六)成人听力中的计量

成人听力测试中的计量是测听室。成人在听力测试时要求听一些特定的声音,声音不能受到环境中其他声音的干扰。为了保证测听结果的可靠性,隔绝外界的噪声,于是测听室就产生了。测听室是保证听力测试结果准确可靠的设施。测听室常用于疾病预防控制中心及其职业病听力检查;医院听力检查。测听室能隔绝外部的噪声。

标准测听室施工的技术指标应符合《声学 测听方法 第 1 部分:纯音气导和骨导测听法》(GB/T 16296.1—2018)或《声学 测听方法 第 2 部分:用纯音及窄带测试信号的声场测听》(GB/T 16296.2—2016)的基本要求。测听室检测可依据《测听室声学特性校准规范》(JJF 1191—2019)。

二、雷车动地电火明,急雨遂作盆盎倾——电学计量

(一)7 个国际基本单位之——安培

安培是 7 个国际单位制基本单位之一。安培是国际单位制中电流的 SI 单位,简称安,符号为 A。安培是为纪念法国物理学家 A.安培而命名的,他在 1820

① 仿真耳是人的外耳物理特性的模拟装置,是耳机物理特性模拟装置,能使耳机受到的声阻抗接近人耳的平均声阻抗。仿真耳的制造在国际标准化组织和国标中都推荐和制定了相应的标准,所以大多数仿真耳外形有点类似。

年提出了著名的安培定律。

小知识

安培定律

在真空中，截面可忽略的两条相距 1 m 的无限长且平行的圆直导线内通等量恒定电流。当两条导线每米长度之间产生的相互作用力等于 2×10^{-7} 牛顿时，则该导线中通过的电流为 1 A。这个定义是在 1948 年第 9 届国际计量大会上被批准的，在 1960 年第 11 届国际计量大会上被正式采用作为国际单位制的基本单位之一。

2018 年 11 月 16 日，第 26 届国际计量大会通过决议，1 安培定义为“1 s 内通过导体某一横截面的 $1/(1.602\,176\,634\times10^{-19})$ 个电荷移动所产生的电流强度”。

（二）电能表的前世今生

电能表(也称电表)是 1881 年根据电解原理制成的。当时一只电能表重达几十千克，十分笨重，精度也不高。1888 年，交流电被发现以及感应式电能表诞生了。中国交流感应式电能表是在 20 世纪 50 年代从仿制国外电能表开始生产的。在 20 世纪 80—90 年代开始机电一体化电能表(半电子式电能表)、全电子式电能表、多功能全电子式电能表、预付费电能表等的研制和生产。2009 年，英国政府首次将一批具有网络通信功能的电能表应用到家庭。电能表描述了用电设备消耗的能量，它的计量单位为千瓦时(kW・h)。

（三）电能的计量单位“度”

中国家庭电量常用单位为千瓦时，它表示功率为 1 000 瓦的设备 1 小时的耗电量为 1 度。它的计算公式为功率乘以时间。假设一台耗电设备的功率为 1 500 瓦，即其 1 小时的耗电量为 1.5 千瓦时，也就是 1 小时 1.5 度电。

当我们看到高压电线时，总是很疑惑，几千伏的电压，它的电能表是如何对它进行电能计量的？我们经常把电能表和互感器一起配合使用。互感器将高电压或大电流按比例变换成标准低电压(100 伏)或标准小电流(5 安或 1 安，均指额定值)，以便实现测量仪表、保护设备及自动控制设备的标准化、小型化。

在低电压(不超过电能表所能接受的电压伏特数)和小电流(几十安培)的情况下，电能表可直接接入电路进行测量。在高电压或大电流的情况下，电能表不能直接接入线路，应配合电压互感器或电流互感器接入电路。同时，电能表负载的用电量要在电能表额定值的 10% 以上，否则计量不准，甚至有时根本带不动铝盘转动，所以电能表量程不能选得太大，额定参数选得太小也容易烧坏电能表。

（四）生活中的电能表计量

电能表按工作原理不同分为电子式交流电能表和机电式交流电能表。电能表属于强制检定的范围，通俗地说就是每一只电能表都要检定合格后才可以投入使用。检定必须执行检定规程，电能表的检定规程有《机电式交流电能表检定规程》（JJG 307—2006）、《电子式交流电能表检定规程》（JJG 596—2012）。机电式交流电能表需检定的项目有直观检查、交流耐压实验、潜动试验、起动试验、测定基本误差和常数试验。电子式交流电能表的检定项目有外观检查、交流电压实验、潜动试验、起动试验、基本误差、常数试验和时钟日计时误差。

交流耐压试验是指对新生产和检查后的电能表进行 50 赫兹或 60 赫兹的交流耐压试验；通过工频耐压试验可检验电能表能否承受短时过电压，如雷击、操作过电压等；潜动试验是指当负载没有用电，即电能表的电压元件有电压，而电流元件中没有电流时，若铝盘仍缓慢转动超过一圈，该电能表存在潜动的试验。

通过了启动试验的电能表可保证其在轻载时能准确计量。基本误差测试的测定方法是标准电能表法，即标准电能表与被检电能表进行电能比较。电能表外观检查包括名称和型号、制造厂名。制造常数试验是指长时间的通电检查。其目的是检查基本误差测定中的差错；检查计度器传动比与进位是否正常；检查电能表的常数、倍率与计度器传动比之间的关系是否正确，其方法是走字试验法。

电能表的现场校验的目的是了解电能表在运行中计量是否正确。我们必须定期对大电力用户的计费电能表（三相表）和电力系统中计量发电量、供电量、损耗电量的电能表现场检验。现场校表多采用“现场校表仪”。现场检验项目：①检查计量装置的接线（二次接线）；②测定电能表在运行负载下的误差。

三、一寸光阴一寸金，寸金难买寸光阴——时间计量

（一）古老的时间计量——“铜壶滴漏”

时间计量可以维持人类社会的正常运转，形成社会的基本生活秩序。在我国古代，表示“日”以上的时间单位包括日、月、年；表示“日”以下的时间制度包括十二时辰制、百刻制、更点制度。其中一日分为十二时辰；一个昼夜分成均衡的 100 刻；一刻分为 60 分。百刻制长期通行，曾经在短时间内用过 96 刻与 125 刻。漏刻与日晷是时间计时仪器。当没有阳光时，漏刻就可以发挥作用。

广州的双门底大街的街口有一座拱北楼。拱北楼从元朝开始就收藏着一个能工巧具——铜壶滴漏。铜壶滴漏是古代的一种计时工具，又名刻漏或漏刻，也有单壶式，始于西汉。图 6-3 的铜壶滴漏是广州人冼运行、杜子盛等在元朝延祐三年(公元 1316 年)制造的。

它分为四个部分：日壶、月壶、星壶和受水壶。最底部的受水壶壶盖正中间立着一把铜表尺，上面刻有时辰，分别是子、丑、寅、卯、辰、巳、午、未、申、酉、戌、亥。铜表尺前有一个木制浮箭，木箭下端是一块木板，叫作浮舟，水自上而下，经日壶、月壶，最后由星壶下面的龙头流出。

图 6-3　铜壶滴漏

日壶的水以不可见的速度慢慢流入下面的月壶，月壶之水流入星壶，星壶上部有一个小洞，当星壶水面上涨到小洞水平面时，水就会从小洞渗出，星壶的水量可以保持稳定，星壶水匀速地滴入受水壶。受水壶的水面上升，浮舟便托起木箭缓缓升起。木箭的顶端指着铜表尺上的时间刻度。漏刻在北宋以后，误差在 20 秒以内。18 世纪后，欧洲的钟表才超越它的精度。漏刻是用日晷来校正的。

（二）广钟

漏刻是关于时间的计量仪器，而广钟(图 6-4)结合了时间计量与民间手工艺，是中国劳动人民勤劳与智慧的结晶。

16 世纪末，西方传教士把西洋钟表带入中国。1601 年，利玛窦向万历皇帝进献了两座自鸣钟，西洋钟敲响了皇宫的大门。明清时期，广州是对外贸易的重要港口，大多数钟表是由广州海关引进的。西洋钟表制作精美小巧，时间准确，受到皇室贵胄的喜爱。

从康熙年间开始，广州开始了钟表的制造和生产。中国最早的钟表工场就在广州。18 世纪，伦敦著名钟表匠詹姆斯·考克斯的后人在广州开办了一家钟表厂。广州工匠起初仿造西洋钟表，钟表工艺水准尚浅。乾隆中期，“广钟”的制作准确度已达到了西洋钟表的标准，且外观设计中化（亭、台、楼阁等建筑造型），工艺加入了中国元素、材料（铜镀金、广珐琅），各式红木材料。它的成本比进口钟表低很多。

图 6-4　广钟

（广东省博物馆藏）

时间是最公平的，它给每个人的都是一天 24 小时。它是最平常的，又是最珍贵的。时间是从哪儿来的，又到哪儿去了？时间的定义是什么？秒是时间的“长度”。时间是国际单位制（SI）规定的 7 个基本物理量之一，计量单位为秒（s）。

（三）时间标准的前世今生

“失之毫厘，差之千里。”在工业革命初期，世界各地没有统一的时间标准。随着铁轨、电报大规模的建设，人们对时间的误差出现“零容忍”。1884 年 10 月

13 日，格林尼治时间正式被采用为国标标准时间。1937 年，国际天文学会议提出了格林尼治时间的精确版——世界标准时(UT)，即地球自转一周，也就是用太阳日的 1/86 400 来定义。由于地球自转运动非等速，而是时快时慢，如果地球转速不同，一天的长度就不同，一秒的长度也不同，于是就把经地球绕太阳的公转周期(回归年)作为确定时间单位的基础。1960 年第 11 届国际计量大会正式承认以回归年的 1/31 556 925.974 7 为 1 秒，俗称“天文秒”，相当于 30 万年仅差 1 秒。后来，科学家们认识到原子内电子能级间的特征跃迁频率比天文现象的稳定度更高，更不易受外界干扰，更适用于作为时间标准。

1961 年，国际计量委员会提议采用铯原子基态跃迁作为秒定义的候选。1967 年，铯原子钟被用来进行“秒”的定义，秒是铯-133 原子基态的两个超精细能级之间跃迁所对应的辐射的 9 192 631 770 个周期的持续时间，相当于 3 000 万年只差 1 秒。从此开启了原子“秒”的时间计量标准时代，取代了天文钟，秒的定义从天文秒改为原子秒。现在“秒”的定义仍由铯原子钟保持。

2014 年由中国计量科学研究院研制的“NIM5 铯原子喷泉基准钟”通过评审，成为国际计量局认可的基准钟之一。它是一个用来定义秒长的基准原子钟，相对频率不确定度达到 1.5×10^{-15}。继法国、美国、德国、意大利、日本、英国、俄罗斯 7 国之后，中国成为国际计量局认可的参与修正国际原子时的国家，也意味着中国对国际原子时第一次拥有了“表决权”。其意义在于一旦美国关闭 GPS 信号或不能使用国际校准数据，NIM5 铯原子喷泉钟可用于独立驾驭守时钟组，“守住”中国原子时，中国时标系统能保持 1.5×10^{-15} 的高准确度。2019 年改良研制出 NIM6 铯原子喷泉基准钟，它的频率不确定度优于 5.8E-16，相当于 5 400 万年不差 1 秒。

（四）秒表的计量

秒表是一种生活中简单的计时器具，分为电子秒表、机械秒表和电秒表。电子秒表的设计原理是内置石英晶体振荡器，通过石英晶体振荡器的频率来产生时间，以液晶数字显示屏的方式显示。机械秒表的设计原理是内置机械振荡的游丝，通过传动齿轮带动指针在度盘转动，显示时间。电秒表分为指针式和数字式，它利用 50 赫兹，220 伏(或 110 伏)的市电驱动微型电机，通过离合器带动指针在度盘上显示测量结果。

我们常用的秒表有电子秒表和机械秒表。通俗地说计量就是用高一级标准对下一级标准或计量器具进行量值传递。秒表的计量方法有多种，以秒表检定仪举例:秒表检定仪是一款高精度时间检定仪。被测仪器通过测量该标准时间间隔信号，得到被检仪器测量该标准时间间隔信号的实际测量值，从而得到被检仪器测量误差，达到检定的目的。检定技术依据《秒表》(JJG 237—2010)。

秒表检定仪通过夹具与被检表连接。秒表检定仪有内置的晶体振荡器，夹具引入的最大允许误差不大于±3毫秒。通过夹具的两次开启，检测秒表时间间隔内的误差。如果秒表有日差功能，通过一个连续运行的数字时钟启动秒表，翌日同一时刻停止秒表，计算时间间隔日差。它的计量单位为秒。

第八节　计量的如今

一、“520”谐音“我爱你”——世界计量日

“520”谐音“我爱你”，世界计量日只有计量人员知道。世界计量日也需要向青少年普及。

（一）世界计量日为什么定在5月20日

1747年法兰西科学院尝试设立恒定度量衡，以便所有国家都能将其当作公用度量衡。1791年法国开创米制，1820年，荷兰、比利时、卢森堡开始采用米制，在后续几年中，西班牙、意大利、葡萄牙、墨西哥、哥伦比亚相继采用米制。1864年，英国米制与英制同时并存，1872年8月，24个国家代表在巴黎召开国际米制委员会。1875年3月1日，法国与20个国家召开了米制外交会议。1875年5月20日，17个国家在法国巴黎签署了《米制公约》。该公约促成了各签字国共同出经费办常设的科学机构，即国际计量局，地址确定在法国。国际计量局由国际计量大会和科学专家委员会，即“国际计量委员会”管辖。其目的是保证“米制的国际间的统一和发展”。故而1999年第21届国际计量大会把每年的5月20日确定为“世界计量日”，世界计量日就诞生了。

（二）世界计量日邮票

2015年5月20日中国邮政发行了“世界计量日”邮票。该套邮票的设计语言为“三条线”：一条象征着从历史到现代；一条象征着从中国到世界；一条象征着从民用到高科技。在邮票上写着“度万物、量天地、衡公平”，排头藏字“度、量、衡”。该套邮票上印有秦始皇颁布的统一度量衡诏书拓版、国际千克原器、日晷、卫星量筒、时钟表盘。

度量衡诏书的形状为长方形，长为10.8厘米，宽为6.8厘米，厚为0.4厘米，重达0.15千克，四角钻有四个小孔，铜质青色，铸造于秦始皇执政时期。其正面是以秦小篆铸成，字体为0.9厘米，竖五行、横八行，上下、左右结构整齐，阴文书刻40字，即“廿六年，皇帝尽并兼天下诸侯，黔首大安，立号为皇帝，乃诏丞相状、绾，法度量，则不壹，歉疑者，皆明壹之”。

1875年5月20日《米制公约》的签署，开创了全球范围内推行国际单位制

的近代计量新纪元。国际千克原器是世界计量统一的原点。日晷在我国古代用于计时，也用于漏刻的量值传递。漏刻算是中国古代的家用钟表，是日常生活中民间计时的计时器具，日晷的量值传递来自尺的长度。量筒是我们日常生活中常见的仪器。量筒在学校、工厂的化验室中常见。时钟表盘分为 4 个象限，速度、温度、角度、时间分别分布在第一象限、第二象限、第三象限、第四象限。从历史到现代、从中国到世界、从日常生活到科技创新。一张小小的邮票述说着五千余年的计量史。

二、国际单位制 7 个基本单位定义的量子化——长度（米）、质量（千克）、时间（秒）、电流（安培）、热力学温度（开尔文）、物质的量（摩尔）和发光强度（坎德拉）

国际单位制是国际计量大会采纳和推荐的一种一贯单位制。国际单位制的 7 个基本单位是长度（米）、质量（千克）、时间（秒）、电流（安培）、热力学温度（开尔文）、物质的量（摩尔）和发光强度（坎德拉）。

2018 年 11 月 16 日，第 26 届国际计量大会通过了决议，国际单位制中的 3 个基本单位（千克、开尔文、安培）改由自然常数来定义，并于 2019 年国际计量日（5 月 20 日）起正式生效。至此，国际单位制 7 个基本单位将全部由基本物理常数定义，量值进入了量子化时代。

时间——秒(s)的定义：1 秒是铯-133 原子在基态下的两个超精细能级之间跃迁所对应的辐射的 9 192 631 770 个周期的时间。长度(m)米的定义：1 米是光在真空中在$(299\ 792\ 458)^{-1}$ 秒内的行程。质量(kg)千克的定义：1 千克是普朗克常量为 $6.626\ 070\ 15\times10^{-34}$ 焦耳·秒($6.626\ 070\ 15\times10^{-34}$ 千克·米^2/秒)时的质量。电流安培(A)的定义：1 安培被定义为“1 秒内$(1.602\ 176\ 634)^{-1}\times10^{19}$ 个电子移动所产生的电流”。热力学温度单位开尔文(K)的定义：1 开尔文被定义为“对应玻尔兹曼常数为 $1.380\ 649\times10^{-23}$ 焦耳·开尔文，即 $1.380\ 649\times10^{-23}$ 千克·米^2/(秒^2·开尔文)时的热力学温度”。物质的量单位——摩尔(mol)的定义：1 摩尔为“精确包含 $6.022\ 140\ 76\times10^{23}$ 个原子或分子等基本单元的系统的物质的量”。与此同时，修改了阿伏伽德罗常量，为 $6.022\ 140\ 76\times10^{23}$/摩尔。发光强度单位——坎德拉(cd)的定义：1 坎德拉是光源在给定方向上的发光强度，该光源发出频率为 540×10^{12} 赫兹的单色辐射，且在该方向上的辐射强度为 1/683 瓦/球面度。

新定义用自然界恒定不变的“常数”替代实物原器，以保障国际单位制的长期稳定性，今天复现的量值与在未来任何一个地方复现的量值是一致的。

附录

计量之歌

结绳记事
黄钟律管
左准绳，右规矩
审铨衡，平斗斛
关石和钧，王府则有
西周的质人

布手知尺，掬手为升
取权定重，迈步算亩
平斗桶，权衡、丈尺
始皇之度量衡
鼗、磬、瑟奏出悦耳之声

浮箭漏刻
新莽嘉量
记里鼓车
南人适北，视升为斗
隋之大运河
唐尺宋戥
元贞的杆秤
滴水计时
康乾的营造尺、漕斛及库平两
海关度量衡
清末的铂铱合金原器和镍铜合金副原器

民国北洋的公尺、公斤、公升
度量衡法
一、二、三制
时代的车轮，滚滚红尘

长江、黄河，巍巍昆仑
五千年文化千千万
新中国诞生
在古老的舞台上
生、旦、净、末、丑演吟着传统的戏曲
在计量的摇篮中
米、千克、秒、安培、开尔文、摩尔、坎德拉唱出新生之歌

热力学、热电效应、迈克尔逊干涉仪
欧姆定律、法拉第电磁感应定律、麦克斯韦电磁波理论
核物理学、量子化假说
几何量、热学、力学、电磁学、电子学、时间频率、声学、光学、化学、电离
辐射十座巨大的里程碑耸立在祖国的大地上
法制计量建设中

水、电、气表与老百姓共度美好生活
出租车计价器、加油机、秤精准计算
血压计、X 光机、听力计为人民的健康保驾护航
眼压计、验光仪防止水中望月、雾里看花

人类巨大的灾难来临的时候
新冠疫情中的红外测温仪防微杜渐
呼吸机辅助了第二次生命

科学的史诗中
水准仪、全球导航卫星系统(GNSS)、重力仪为珠穆朗玛峰测量高度求和

问讯吴刚何所有，吴刚捧出桂花酒之嫦娥奔月
万有引力定律、天体运行
观察、发现、分析、研究、推理、实验、证明

这一系列活动
都需要标准与仪器的交流，计量的传递
在我们身边的很多人，是多么的平淡无奇
在计量的单位统一，量值可靠
吹响号子，为社会主义保驾护航
拉着计量的大船
前进前进
把人生当成一场修行
谱写一曲计量之歌

参考文献

[1]吴承洛．中国度量衡史[M]．上海：商务印书馆，1937.
[2]赵晓军．山西羊头山黍样实测度量衡标准考[J]．文物世界，2010(1)：35-38.
[3]邱光明．中国物理学史大系　计量史[M]．长沙：湖南教育出版社，2002.
[4]广东省质量技术监督局．广东计量史：1949—2009[M]．北京：中国质检出版社，2014.
[5]张道一．考工记注译[M]．西安：陕西人民美术出版社，2004.
[6]黄波，孔金水．早期介入康复治疗对呼吸机依赖患者脱机成功率和脱机时间的影响[J]．医学理论与实践，2021，34(11)：1968-1970.
[7]李芒环，牛建军．钱币的故事[M]．郑州：中州古籍出版社，2014.
[8]黄庆桥．1959 年：新中国计量制度走向统一[J]．当代中国史研究，2011(4)：78-83.
[9]李云巧．化学计量的发展历史[J]．中国计量，2011，10：91-92.
[10]汪继培．考工记注译[M]．西安：陕西人民美术出版社，2004.
[11]文心工作室．诗歌[M]．北京：中央编译出版社，2014.
[12]许嘉璐．大戴礼记[M]．南京：江苏人民出版社，2019.
[13]杨琳．小尔雅今注[M]．上海：汉语大词典出版社，2002.
[14]段玉裁．说文解字注[M]．上海：上海古籍出版社，1988.
[15]郑玄撰．周易郑注导读(正义)[M]．北京：华龄出版社，2019.
[16]金永译解．周易[M]．重庆：重庆出版社，2016.
[17]刘兆祥译注．史记列传精华[M]．沈阳：辽宁人民出版社，2018.
[18]吴淼．吴承洛与中国近代化进程[M]．上海：复旦大学出版社，2011.
[19]孙隆浩．可燃气体报警器在化工生产装置中的具体应用分析[J]．中国设备工程，2020(9)：112-113
[20]陈直．汉书新证[M]．天津：天津人民出版社，1979.
[21]长孙无忌．唐律疏议注译[M]．兰州：甘肃人民出版社，2017.
[22]黄耀文，林景星等．一级注册计量师基础知识及专业实务[M]．北京：中国标准出版社，2022.
[23]方志钦，蒋祖缘．广东通史上册[M]．广州：广东高等教育出版社，2014.

[24]王传秀,党玉连．呼吸机使用手册[M]．武汉:湖北科学技术出版社,2011.
[25]平伯年．“TU-FTU-NTU”浊度测定的研究:上[J]．城市公用事业,1995(5):24-25.
[26]段宏振．磁山文化探索的反思与新释[J]．南方文物,2022(3):55-57.
[27]丘光明．中国度量衡[M]．北京:新华出版社,1993.
[28]诸葛忆兵．唐诗解读[M]．哈尔滨:北方文艺出版社,2020.
[29]蘅塘退士．唐诗三百首[M]．哈尔滨:北方文艺出版社,2019.
[30]周丽霞．诗歌[M]．汕头:汕头大学出版社,2015.
[31]李威,李冠杰．详解分贝(dB)[J]．中国无线电,2021(9):44-46.
[32]司马迁．史记全本下[M]．沈阳:万卷出版公司,2016.

后记

非淡泊无以明志，非宁静无以致远

不知不觉中，我在国家大型检定机构工作的时间向二十以上年头迈进了，作为一个工作经验有二十多年的老计量人员，无意中产生了编写这本书的想法。其间花费了两年时间整理资料，度量衡的烙印深深地刻在我的脑海中。

在编写本书的过程中，我的眼中出现了历史的长廊一角。作为一个"70后"，写书能让我更加亲身深入了解我们的祖国的文化，同时让我回忆起了幼时随父母上山下乡的经历。曾经，老一辈的知识分子成为知青，他们舍小家为大家，为广大农民服务，饥一顿饱一顿，跋山涉水，红薯丝当饭。如今他们大多步入老年，浑身病痛。在解放战争中，多少革命烈士抛头颅，洒热血，才换来我们今天幸福的生活。我的伯父，从抗美援朝战场回来，后来在北京某大医院工作，获得国家特殊津贴，曾任北京输血协会副理事长，中国输血协会常务理事等职。每天谆谆教导我不忘历史，要为国家、为人民做贡献。我的父亲牢记祖训"不为良相，便为良医"。他们曾挽救了数以万计的生命，每天24小时守护在工作岗位上，为人民服务，舍小家为大家。在"非典"期间，我的父亲仍工作在医院前线。我们向往人世间的美好，我拥有过，同时感谢所有的亲人对我的付出，为我遮风挡雨。为了这世间的真情，为了亲人的所有，我也要努力奋斗。

《假如给我三天光明》的海伦·凯勒、中国的张海迪都是我学习的对象，饥饿让我更苗条，贫困让我环保。曾经走过的路，经历过的事都印记在我的脑海中。旧时的农村双抢，因白天天气炎热，常常半夜见到农民下田插秧，双脚沾上蚂蟥，早晨返工休息。这不是一本书，而是一首歌，写给天下无名劳动者与英雄的赞歌。中国有悠久的文明历史，五千余年的历史文化传承，自古传承的不是血脉，而是精神。怀念不是祭奠，而是没有忘却。劳累的不只是身心，而是没有人说声感谢，相忆不是见面，而是在思念，在人生旅途上，你应知不是你一个人艰辛地行走。爱只有越爱越深，爱要说出来。让我计量浅浅说，减少大家的学习负担，让老少都能读懂。

年少时有人经常问我我的偶像是谁？给我列出了几个港台明星。我想说是居里夫人，中国也有很多杰出者，我就以他们为偶像。如今，我终于有了偶像——中国的度量衡先驱吴承洛老先生。他提出的“计量”一词后世永留传。在战火纷飞的年代，大家饥不饱腹，生命财产受到威胁，祖国文化遗产面临毁灭，国土主权不保，他还能写书立传，《中国度量衡史》给后人留下无比的文化财富。

在此，我向所有考古学家及工作者致敬，“大漠孤烟直，长河落日圆”。考古的路途是多么的寂寞，你们都是无名英雄。也怀念我儿时的保姆，你在儿时给了我一丝温情，纪念我的外婆，在战火纷飞的年代，从广州逃难到香港，又从香港到内地，愿世上再也没有牺牲，人人都幸福，在此纪念我的语文老师舒惠章，没有歧视，只有无穷的关怀，让我人到中年，不忘写作。

“纸上得来终觉浅，绝知此事要躬行。”在写这本书的过程中，我发觉中国的古诗词真实体现了历史与地理。在这本书中，我引用了古诗词，愿此书能有机会再版时，我能写出自己的诗词。

计量保证了生活的秩序，科学技术的发展与计量的发展是共同体。门捷列夫说过：“没有计量，便没有科学。”聂荣臻元帅说：“科技要发展，计量须先行”。没有计量，寸步难行。信息时代的高速发展，测量的科学将迈上新的台阶。

——谨以此书献给天下善良无名的老百姓与劳动者